元陸上自衛隊陸将補が書いた

リアリズム国防論

元陸上自衛隊陸将補
河井繁樹

彩図社

はじめに

皆さんは次の言葉をご存知だろうか。

「君たちは自衛隊在職中、決して国民から感謝されたり、歓迎されることなく自衛隊を終わるかもしれない。きっと非難とか叱咤ばかりの一生かもしれない。ご苦労なことだと思う。しかし、自衛隊が国民から歓迎され、ちやほやされる事態とは、外国から攻撃されて国家存亡の危機の時とか、災害派遣の時とか、国民が困窮し国家が混乱に直面している時だけなのだ。言葉をかえれば、君たちが日陰者である時のほうが、国民や日本は幸せなのだ。一生ご苦労なことだと思うが、国家のために忍びたえてもらいたい。頑張ってくれ。自衛隊の将来は君たちの双肩にかかっている。しっかり頼むよ」

これは防衛大学校創設に尽力した吉田茂元首相が、１９５７（昭和32）年の防衛大学校第1期卒業生に語ったとされる言葉である。

その後の約60年に及ぶ自衛隊の歴史を振り返ると、実に慧眼であったというほかない。

確かに日本が高度経済成長で沸いていた時代、自衛隊は〝税金泥棒〟などと揶揄されて日陰者の存在だった。しかし、幸いにして外国からの攻撃はなかったものの、阪神・淡路大震災、新潟県中越地震、東日本大震災などの大規模災害における災害派遣では、日陰者から一転してスポットライトを浴びることになる。それはまさに国民や日本にとって不幸な出来事だった。

戦後の日本は、一貫して専守防衛という受け身の軍事戦略を踏襲してきた（専守防衛については本文をご参照いただきたい）。そのために、日本の防衛力の在り方は、法律、装備品を含めて起きた事案に合わせて変化することで、様々な変革を遂げてきた。事案というのは例えばミグ25事件、湾岸戦争、カンボジアＰＫＯ、９・11米国同時多発テロに端を発するテロとの闘い、大規模災害等々である。しかし近年めまぐるしく変わる国際情勢に対処するには、事が起きてからではなく、あらかじめ将来を予測して備える必要が出てきた。それは自衛隊の組織改編であり、平和安全法制等々である。これはとりもなおさず、それまでの受動的なものから能動的なものへ、変革の質が変わってきたことを意味する。

防衛省・自衛隊は、いつの時代も様々な課題の渦中にいる。今日で言えば日本を取り巻く東アジア情勢であり、憲法改正論議であり、国際平和協力とのこれからの関わり方などだ。

防衛力、あえて言えば軍事力は、もはや戦うためだけのものではない。常日頃の警戒監視、プレゼンスの維持、災害時の支援活動、海外における紛争の未然防止や復興・人道支援など、軍事力の果たすべき役割は大きく広がっている。そしてそれは、直接的・間接的に国民生活に結びついているのである。

国を守るということ、すなわち自衛隊の将来を担うのは自衛官だけでなく、国民一人一人であると私は考えている。そこは、まるで予言のような吉田元首相の言葉とちょっと変わってきている部分かもしれない。

元陸上自衛隊陸将補が書いた
リアリズム国防論

——目次

【第四章】本来任務となった国際平和協力活動……135

【第五章】国民の期待に応える災害派遣 …… 161

【第一章】

自衛隊はどう戦うのか？

中国の海洋進出、北朝鮮のミサイル問題など、予断の許さない状況が続く東アジア情勢。自衛隊は日本の国土、国民、そして財産をどのようにして守るのか。日本の防衛政策や近隣諸国の軍事政策、また２０１６年に施行した安保法制の内容など、日本の国防に関する事項を解説する。

冷戦時代、最前線の記憶

自衛隊は創設以来、戦争を経験していない。しかし国家にはそれぞれ追求すべき国益があり、それはしばしば対立する。そこに存在するのは最前線だ。

自衛官は国防の最前線で何を考えているのか。まずはそれをご理解いただくために、私の経験を元にお話ししよう。

東西冷戦期の自衛隊と名寄という地

名寄《なよろ》駐屯地にある第3普通科連隊に着任したのは1983（昭和58）年9月、まさに東西冷戦の時代である。

名寄駐屯地は実力部隊としては最北端に位置する。当時は北から、つまり旧ソ連の着

名寄駐屯地で雪上訓練を行う筆者。東西冷戦期の名寄は日本にとって北の最前線だった。

上陸侵攻を想定していたので、言わば国防の最前線だった。

そのため、私たち小隊長クラスは別として、上官の方は優秀な方ばかり、装備品も優先的に配備される精鋭部隊としての扱いだった。それは隊員の充足率にも表れていて、当時西の方は60%くらいだったのに対して名寄はほぼ100%、毎年新隊員が全国から入ってくるので名前を覚えるのも大変という状態だった。それだけでも、ここはそういう場所なんだなと理解できた。ただこれは北海道独特のもので、例えば西の方の部隊に配属された同期と話していても、緊張感に温度差を感じたものである。

名寄の勤務で特に印象的だったのは厳冬期の寒さだ。最低気温はマイナス20度は当たり前、マイナス35度を記録したこともあり、これは九州出身の身には強烈だった。ちなみに名寄の人たちは、気温をいうときにいちいちマイナスをつけない。最高気温でもマイナスなのが当たり前だからだ。

MEMO

冷戦時代の北海道

冷戦期は、米国とソ連が核戦力を背景に世界規模で対峙した時代であった。

その時代にソ連が北海道に侵攻する目的は、不凍港確保、領土拡張、太平洋への突破口確保などとされた。核兵器を搭載した潜水艦部隊のあるオホーツク海から直接米本土に届くミサイルがない時代には、潜水艦部隊を太平洋に進出させる必要があったが、そのためには日本の防御網を突破する必要がある。つまり北海道を制圧すればオホーツク海の制海権を確保し、聖域化できるので、樺太から近い道北は格好の攻撃目標となると考えられていた。そのため、北海道の防衛に当たる陸自の北部方面隊は4個師団（うち

1個は機甲師団）を配置し、戦車や火砲も多数配備するなど戦力を集中させていた。侵攻してきたソ連軍との戦い方は、当初はもっぱら内陸防御（戦地は音威子府《おといねっぷ》や石狩平野という説もあるが定かではない）で、のちには地対艦誘導弾、多連装ロケットシステム、対戦車ヘリコプターを導入し、水際戦（洋上水際撃破）の戦法も導入している。

実際にソ連軍の侵攻はなかったが、唯一緊張が高まったのが「ミグ25事件」だ。1976（昭和51）年9月6日、ソ連空軍のベレンコ中尉が当時最新鋭のミグ25戦闘機で、日本の防空網をくぐり抜けて函館空港に強行着陸。当初はその目的がわからなかったが、ベレンコ中尉の要求は米国への亡命だった。陸上自衛隊はソ連軍による機体の奪還などの急襲に備えて、函館駐屯地に高射機関砲や戦車を搬入するなどの警戒態勢をとった。

冷戦時代は現実の戦争ではなく、武力を用いない対立なので、〝戦争がない〟という意味では平和だったと思うが、東西が緊張状態にあることに変わりはなかった。当然、国境を間近にした最前線にいるわれわれにも常に緊張感があった。どういうことかと言えば、基礎的な訓練はもちろんとして、図上であれ実動であれ、実戦を想定した訓練をしていたからだ。特に緊張感が走るのは図上演習の時である。

最前線の部隊が耐えられるだけ耐える

図上演習では、どういう敵が攻めてきたときに、どこでどう戦うか、自分たちで様々な状況をシミュレーションする。そうすると、自分たちの戦力の限界に行き当たる時がある。われわれはやられてしまうのか……。想定した敵の戦力がどの程度なのか正確には把握しきれない部分はあったのだが、それでも圧倒的な物量を持ち、高度な機械化が進んでいると考えられていた。

戦い方としてはわれわれ最前線の部隊が耐えられるだけ耐えて、来援を待つ。耐え方はいろいろあるのだが、要は時間を稼ぐことだ。そして、いかに国民の被害を少なくするかということで、そこは一番考えた部分である。

もちろん最前線の部隊が敵と互角に戦い、守りきれればそれに越したことはないのだが、どうシミュレーションしても、現実的にはそれは難しかった。そもそも日本の防衛力整備はそうなっていなかったのだ。※①当時は同じ規模の師団を全国に均一に配置して、それぞれの正面を守らせる。日本は海岸線が長い、つまり防衛正面の幅が広いので、基

※①…基盤的防衛力構想。「我が国に対する軍事的脅威に直接対抗するよりも、自らが力の空白となって我が国周辺地域における不安定要因とならないよう、独立国としての必要最小限の基盤的な防衛力を保有する」という考え方。

礎配置の部隊でまずは対応するわけだ。そこで時間を稼いでほかの地域の部隊を集めて反撃する。それに米軍が加わるというのが基本的な戦い方だった。専守防衛、日米同盟という枠組みの中では、今もその戦い方は変わらない。

米軍と共同で訓練をするときもあったが、米軍は基本的に反撃部隊だ。つまり米軍に来援を仰いで反撃するということは、裏を返せばそれまでに最前線の部隊はなんとか持ちこたえなければならないということである。われわれ名寄の部隊は非常に大変なことになっている。最前線が皮一枚でも持ちこたえなければ、突破されてしまい、反撃もできなくなってしまうのだ。

名寄ではこうした環境もあり、まずは訓練に一生懸命だった。そのときから感じていたのは、われわれは存在することに意義があるんだな、ということだ。むしろそう思おうとしていたのかも知れない。何しろ表向きは戦争の気配もない平和な世の中である。おそらくほとんどの国民の皆さんは、われわれが一生懸命訓練していることは知らないだろう。かく言う私自身も、防大に入るまでは自衛隊があるのは知っていたが何をしているかはわからなかったし、関心もなかったのだから。

もうひとつ、当時思ったことがあった。それは定年を迎えた退官者を送る行事のときだ。紹介する時に「30有余年の勤務を無事終えて……」と聞くと、いいなあと。漠然と、何か事が起こればおれは生きて退官できるかわからないなあ、と考えたものである。われわれにとって、冷戦期というのはそういう時代だったのである。

日本の防衛政策とは？

わが国の防衛力の具体的な整備目標を示してきたのが「防衛力整備計画」と「防衛計画の大綱」である。

「防衛力整備計画」は昭和33年度以降、４次にわたり策定。第１次防衛力整備計画（１次防：３か年計画）では骨格防衛力の整備、２次防から４次防（ともに５か年計画）では通常兵器による局地戦以下の侵略に対処することを目標とした。４次防では防衛の構想として、「核の脅威に対しては米国の核抑止力に依存する」、「間接侵略と小規模直接侵略に対しては独力で、それ以上は米国の協力を得て排除する」と日米両国の役割分担が明記されている。

4次にわたる防衛力整備計画では、外部からの侵略の規模をあらかじめ見積り、予想される脅威の量に対応する「所要防衛力」の発想に基づく傾向にあった。

このため防衛費は増大して国内外の不満や不安が高まり、時の内閣は期間計画方式から単年度計画方式に変更。1976（昭和51）年10月、初めての「昭和52年度以降に係る防衛計画の大綱」を定めた。防衛大綱では、わが国が保有すべき防衛力の水準を明らかにし、わが国の防衛力整備のあり方などについての指針を示している。

最初の防衛大綱では「日本が周辺地域の不安定要因とならないように、独立国として必要最小限の防衛力を保有する」という「基盤的防衛力構想」という考え方が示された。

その後は冷戦の終結などの国際情勢の変化、自衛隊の国際活動を含む役割の拡大、国際テロ組織の活動や、大量破壊兵器や弾道ミサイルの拡散などの安全保障環境の変化を踏まえ、計5回策定している。

平成23年度以降に係る防衛計画の大綱では、日本列島に均等に防衛力を配備する「基盤的防衛力」に代わり、中国の海洋進出や北朝鮮の弾道ミサイル、国際テロリズムに機動的・実効的に対応できるよう「動的防衛力」という考え方を、平成26年度以降に係る防衛計画の大綱では海上優勢・航空優勢の確保など事態にシームレスかつ状況に臨機に対応して機動的に行い得るよう、統合運用の考え方をより徹底した「統合機動防衛力」という考えが示されている。

■防衛力構想の変遷

・基盤的防衛力構想（51大綱）

東西が対峙していた冷戦時代に採用されたもので、標準的な装備の部隊をまんべんなく配置し、防衛力の存在による抑止効果に重点を置いている。

・動的防衛力（22大綱）

2010（平成22）年12月に安全保障会議ならびに閣議で決定された新大綱。ISR（Intelligence, Surveillance, and Reconnaissance）（情報収集・警戒監視・偵察）活動などの常時継続的かつ戦略的な実施などによる抑止の考え方。「対処」と「国際協力」を重視するものであり、その備えるべき特性として、「即応性、機動性、柔軟性および多目的性」が挙げられ、自衛隊の「運用」に焦点を当てている。

・統合機動防衛力（25大綱）

2013（平成25）年12月に国家安全保障会議と閣議で決定された新大綱。統合的な観点から特に重視すべき機能・能力を導き出し、海上優勢および航空優勢の確実な維持に加え、機動展開能力の整備などを重視し、必要な防衛力の「質」と「量」を確保するとともに、多様な活動を実効的に行うための幅広い後方支援基盤を強化する。

今直面する日本の課題、緊迫する東アジア情勢への対応

私が入隊して以降の自衛隊は、東西冷戦、国際平和協力活動、大規模災害など直面する様々な問題に対応してきた。現在、そして将来にわたって国民が懸念しているのは北朝鮮の核・ミサイル開発や中国の軍事力強化といった東アジアの情勢だろう。

拉致問題に端を発した北朝鮮問題

北朝鮮問題は、今は核・ミサイル開発に注目が集まっているが、われわれが懸念していたのは1970年代から80年代にかけて多発した拉致※①問題である。

※①…1970年頃から80年頃にかけて、北朝鮮による日本人拉致が多発。17名が政府によって拉致被害者として認定されている。2002年9月に北朝鮮は日本人拉致を認め、同年10月に5名の被害者が帰国したが、他の被害者については未解決の状態が続いている。

朝鮮人民軍創建70周年閲兵式に登場した中長距離戦略弾道ミサイル「火星12」。大型・大重量の核弾頭を搭載でき、その射程はグアムを収めるとされる（写真：EPA＝時事）

拉致問題は政治的課題であるが、実力組織である自衛隊としての懸念は、あれだけの人が拉致されたということは、いったいどれくらいの工作員が入っているのかということだ。それはずいぶん前から意識していた。工作員に関してはもちろん北朝鮮に限った問題ではなく、実任務は申し上げられないが、冷戦時代から訓練としては様々なことを想定していた。実際問題、工作員を捜索するのは非常に難しく、以前韓国に侵入した武装工作員などを探すのに約2か月かかったという話もある。※② 工作員を捜索するのは、それほど難しいのである。

北朝鮮で衝撃的だったのは、延坪島砲

※②…1996（平成8）年、北朝鮮の特殊部隊輸送用潜水艦が韓国領海内で座礁し、乗艦していた武装工作員・乗組員26名が韓国領土内に侵入した事件。捜索などのため、韓国は軍と治安機関合わせて約6万名を投入したとされる。

撃事件である。何が衝撃的だったかというと、[※③]かなり正確な砲撃だったことだ。

北朝鮮軍（朝鮮人民軍）は半農半軍みたいなイメージだったが、専門部隊の練度はそれなりのレベルを維持しているのではないか。

そして核・ミサイルの開発も日進月歩の勢いできている。

それを認めだしてから米軍も北朝鮮を意識しているのではないかと思う。

MEMO

北朝鮮の防衛戦略

北朝鮮は、軍事を重視する体制をとり、大規模な軍事力を展開している。核兵器をはじめとする大量破壊兵器や弾道ミサイルの開発・配備、移転・拡散を進行させるとともに、大規模な特殊部隊を保持するなど、非対称的な軍事能力（通常兵器を中心とした一定の軍事能力を保有または使用する相手に対抗するための大量破壊兵器、弾道ミサイル、テロ、サイバー攻撃といった相手と異なる攻撃手段）を引き続き維持・強化している。

昨今は弾道ミサイルの研究開発だけでなく、奇襲攻撃を含む運用能力の向上を企図し

※③…韓国国防部の発表によれば、北朝鮮は２度にわたって延坪島に向け合計約170発の砲撃を行い、そのうち約80発が陸地に着弾したとされる。

た動きも活発化している。また、核戦力のさらなる強化のため、水爆の獲得を企図しているとみられる。過去5回の核実験を通じた技術的な成熟などを踏まえれば、核兵器の小型化・弾頭化の実現に至っている可能性が考えられ、時間の経過とともに、わが国が射程内に入る核弾頭搭載弾道ミサイルが配備されるリスクが増大していくものと考えられる。このような北朝鮮の軍事動向は、わが国はもとより、地域・国際社会の安全に対する重大かつ差し迫った脅威となっている。

弾道ミサイル防衛における陸自の役割

弾道ミサイル防衛では、ミッドコース段階では海自（あるいは米軍）イージス艦のSM-3、[※④]撃ち漏らしたターミナル段階では空自のPAC-3[※⑤]が対処することはよく報道されているが、では陸自は何をするの？　という疑問もあるだろう。

弾道ミサイル防衛における陸自の主な役割は、残念ながら着弾した後になる。

万が一着弾した場合、陸自は[※⑥]国民保護法に基づいて、国民の生命や財産を守り、国民

※④…弾道ミサイル防衛用迎撃ミサイル。Standard Missile 3。
※⑤…弾道ミサイル迎撃用の地対空誘導弾。正式名称はPatriot Advanced Capability 3。

弾道ミサイル防衛を担うPAC-３（写真：航空自衛隊）

生活に及ぼす影響をできるだけ減らすための活動を行う。

要は国民をいかに避難誘導するかということと、被害の拡大を防ぐかということだ。そのために、国や地方公共団体との連携は訓練などを通じて常に確認している。国民保護法に基づく活動は、原子力発電所への攻撃、武装工作員などへの対処、生物化学兵器などによる攻撃への対処などいろんな状況を想定して訓練している。

先ごろ歴史的な米朝首脳会談が行われ、その中ではさまざまな方向性が示された。内容は、核・ミサイルの廃棄を目指す、あるいは拉致問題に言及するなど日本として歓迎すべきものだったが、これは外交戦略

※⑥…正式には「武力攻撃事態等における国民の保護のための措置に関する法律」。武力攻撃事態等において、武力攻撃から国民の生命、身体及び財産を保護し、国民生活等に及ぼす影響を最小にするための、国・地方公共団体等の責務、避難・救援・武力攻撃災害への対処等の措置が規定されている。

ポーランドとルーマニアに供給するシステムのテストのために、アメリカ軍の太平洋ミサイル基地施設に設置されたイージス・アショア・システム(画像:U.S. Missile Defense Agency)

のしのぎ合いの途中段階であり、まだ楽観視はできないだろう。核・ミサイルの廃棄は時間もコストも非常にかかるものであり、その経過における検証も不可欠になる。

さて、北朝鮮の核・ミサイル廃棄の方向性が打ち出されたことで、イージス・アショア不要論も散見されるようになってきた。しかしここで注意しなければならないのは、北朝鮮が開発しているミサイルは、米国までも射程とする大陸間弾道ミサイルだけでなく、日本を射程に収める中距離弾道ミサイルや準中距離弾道ミサイルがあるということだ。北朝鮮が保有するミサイルは数百発にもなる。そ

※⑦…地上配備型の迎撃ミサイル・システム。2023年度に運用開始予定。防衛省が2018年7月末に明らかにしたところでは、取得費用は１基あたり1340億円になる見通しとのこと。

れらのミサイルの廃棄が本当に行われるのかという問題もある。さらに言えば、その他の国にも、日本を射程に収めるミサイルが多数存在している。

イージス・アショアは一対象国云々という話だけではなく、10年先、20年先を見据えた日本全土の弾道ミサイル防衛の話だということだ。現状ではイージス艦※⑧を日本海に配備し体制をとっているが、イージス艦は機動的に運用できる反面、整備や補給、隊員の休養などで港に戻る必要があり、24時間365日対応することは困難であり、陸上配備のイージス・アショアとの複合的体制をとっていくことは極めて重要である。

あえて言えば、北朝鮮の核・ミサイル開発はそのトリガーにすぎない。防衛力整備は一朝一夕にはできないのである。

中国の急速な軍備拡大と領土的野心

中国はというと、冷戦時代と比べると、軍事力で言えばぜんぜん違う国である。

経済力も日本をあっさりと追い抜いていったが、そもそもそんなことは冷戦時代には想定していなかった。経済の発展に伴って軍事費も毎年伸ばし続けているのはご存知の

※⑧…「あたご」型護衛艦で建造費は約1500億円、乗員は約300名。

中国は高性能な国産兵器を次々に開発。写真は2015年の抗日勝利70周年式典で披露された大陸間弾道ミサイル「DF-5B」。米国本土を射程に収めるとされる。（写真：Voice of America）

通りだ。

かつての中国軍（人民解放軍）は、装備も時代遅れのものが多く、大したことはないというのが大方の認識だった。しかし今は単純に物量では米軍を凌ぐ部分もあり、まったくの別物に進化している。仮想敵という言い方はふさわしくないが、少なくとも常にしっかり見ておかなくてはならない存在になっている。特に尖閣とか南西諸島における緊張感は持ち続けなければならない。

その際の陸自の役割は、第一義的には離島防衛になる。なぜ離島防衛が重要なのかと言えば、相手国が国益をどう求めるかということだ。例えば※⑨中国が求める

※⑨…中国には国境は軍事力によって動かすことができるとする「戦略的辺疆」という理論がある。

国益とは何なのか、それに対してどれだけ代償を払えるかということを考えた時に、現状の国際情勢では、やはり日本本土は非常にハードルが高い。ならば一部の戦略的価値の高いところをたやすく取れればそれに越したことはないわけだ。

それを防ぐには、常に監視と警戒を怠らず、そういった正面を作らないことが大事なのである。もちろんそのための警戒監視や訓練は間断なく行われている。

中国の防衛戦略

中国は、継続的に高い水準で国防費を増加させ、軍事力を広範かつ急速に強化しており、昨今は、東シナ海や南シナ海をはじめとする海空域などにおいて活動を拡大・活発化させている。

日本周辺海空域においては、公船による日本の領海への定期的な侵入を繰り返し行っているほか、海軍艦艇による海自護衛艦に対する火器管制レーダーの照射や戦闘機による自衛隊機への異常な接近、独自の主張に基づく「東シナ海防空識別区」の設定といっ

南沙諸島のジョンソン南礁の写真。左上から時計回りに2012年3月、13年2月、14年3月、15年5月上旬撮影。［フィリピン外務省・同国軍関係者提供］（写真：時事通信）

た上空飛行の自由を妨げるような動きを含む、不測の事態を招きかねない危険な行為に及んでいる。

また、南シナ海においても既存の国際秩序とは相容れない独自の主張のもと、多数の地形において大規模かつ急速な埋立て、拠点構築など、現状を変更し緊張を高める一方的な行動を継続させ、周辺諸国などとの間で摩擦を強めているほか、戦闘機が米軍機に対し異常な接近・妨害を行ったとされる事案も発生している。

このような中国の動向は、わが国を含む地域・国際社会の安全保障上の強い懸念となっている。

見えない戦争はすでに始まっている

これはどこの国と限定した話ではないが、最近の戦い方としては、離島防衛に加えて情報、通信、サイバー戦など様々な分野を考える必要がある。それと心理戦だ。

心理戦の歴史は古く、例えば占領しようとする島があったとすると、その島の住民を味方にする。これは心理戦のいちばんの成功例だ。昔で言えばビラをまいたりしたし、現代ではＳＮＳなども使われるのだろう。

守る側から言えば、相手にこれはだめだと思わせることも心理戦のひとつだ。

このように心理戦の分野は非常に幅広いので、自衛隊単独では対処しきれない部分もある。見えない戦争に関しては私の専門分野ではないが、次の解説を参考にしていただきたい。

見えない戦争とは？

軍隊は任務遂行上、電力をはじめとする様々な重要インフラに依存している。これらの重要インフラに対するサイバー攻撃は、昨今、敵の強みを低減できる非対称的な戦略として位置づけられつつあり、多くの外国軍隊がサイバー空間における攻撃能力を開発しているとされている。

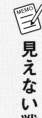

防衛省・自衛隊では、独自の取組として「自衛隊指揮通信システム隊」などが24時間態勢で通信ネットワークを監視。また、２０１４（平成26）年3月には、「自衛隊指揮通信システム隊」のもとに「サイバー防衛隊」を新編し、体制の充実・強化を図っている。

●中国の政治工作「三戦」とは？

中国は、軍事や戦争に関して、物理的手段のみならず、非物理的手段も重視しているとみられ、「三戦」と呼ばれる「輿論《よろん》戦」、「心理戦」及び「法律戦」を軍の政治工作の項目に加えたほか、軍事闘争を政治、外交、経済、文化、法律などの分野の闘争と密接に呼応させるとの方針も掲げている。
　事例として、２０１３（平成25）年12月の安倍首相の靖国参拝に対し、外交部は国際的な批判を展開（輿論戦）、２０１０（平成22）年９月、中国漁船がわが国領海を侵犯、海上保安庁の巡視船に体当たりを行ったため船長を逮捕・勾留したことに対し、漁業監視船の領海侵犯、中国国内の４カ所で数百人規模の反日デモ、レアアースの日本への輸入停止（輿論戦、心理戦）、２０１３（平成25）年11月、海南省は農業部が所管する「漁業法」の下部規則としての「海南省漁業法実施規則」に修正を加え、同省周辺海域からベトナム漁船を法的に排除する（法律戦）などが挙げられている。

「見えない戦争」は古くて新しい戦いだ。
今後科学技術が進展すれば、どんどん新しい戦い方が生まれるかもしれない。
従ってこの分野は、国防においてより重要度を増してくるのは間違いないだろう。

専守防衛のなかでの自衛隊

自衛隊は、憲法9条の枠内ぎりぎりで存在し得る組織なのだと思う。

現実としては、海外からみた場合、あるいは実力組織としての自衛隊の潜在能力をみれば、諸外国の軍隊と基本的には変わらない。大きく違うのは、専守防衛という国防の方針のなかで、敵地攻撃には非常に敏感であるし、自制的であるということだ。

ただ、攻撃は最大の防御という言葉があるように、敵地攻撃能力は大きな抑止力でもある。科学技術が進歩し、兵器の性能も格段に上がった今日ではそこが難しいところだ。どこまでが専守防衛なのかは、今後考えていくべき課題なのではないだろうか。

敗戦直後の日本は、周辺国に脅威を与えてはいけないという思いは当然あったと思う。しかし今の国際情勢のなかで、日本がアジア太平洋地域の安定にどういう形で寄与していくか、ということを考えたときに、より高い抑止力を保持するということは必要であるし、その部分は米国も期待していると思う。

そこで注意すべきなのは、相手国からすればそれは単なる詭弁《きべん》と映るかもしれない。そうするとエスカレーションする恐れもあるので、そうならないようにすることも考えなければいけない。効果的な抑止力を保持することと、エスカレーションを抑止する仕組み、そのふたつの考えをバランスよくミックスする。そこに専守防衛を国是とする日本の自衛隊という組織の存在意義があるのだと思う。

MEMO

憲法第９条の趣旨についての政府見解

●保持できる自衛力

わが国が憲法上保持できる自衛力は、自衛のための必要最小限度のものでなければならないと考えている。そのため、性能上専ら相手国国土の壊滅的な破壊のためにのみ用いられる、いわゆる攻撃的兵器を保有することは、直ちに自衛のための必要最小限度の範囲を超えることとなるため、いかなる場合にも許されない。例えば、大陸間弾道ミサイル（ICBM）、長距離戦略爆撃機、攻撃型空母の保有は許されないと考えている。

●憲法第9条のもとで許容される自衛の措置

自衛の措置は、あくまで外国の武力攻撃によって国民の生命、自由及び幸福追求の権利が根底から覆されるという急迫、不正の事態に対処し、国民のこれらの権利を守るためのやむを得ない措置として初めて必要最小限度の「武力の行使」は許容される。

また、わが国と密接な関係にある他国に対する武力攻撃が発生し、これによりわが国の存立が脅かされ、国民の生命、自由及び幸福追求の権利が根底から覆される明白な危険がある場合において、他に適当な手段がないときに、必要最小限度の実力を行使することは憲法上許容されると考えられている。

●自衛権を行使できる地理的範囲

わが国が自衛権の行使として必要最小限度の実力を行使できる地理的範囲は、必ずしもわが国の領土、領海、領空に限られないが、それが具体的にどこまで及ぶかは個々の状況に応じて異なるので、一概には言えない。しかし、武力行使の目的をもって武装した部隊を他国の領土、領海、領空に派遣するいわゆる海外派兵は、一般に、自衛のための必要最小限度を超えるものであり、憲法上許されないと考えている。

●交戦権

自衛権の行使にあたっては、わが国を防衛するための必要最小限度の実力を行使することは当然のこととして認められている。ただし、相手国の領土の占領などは、自衛のための必要最小限度を超えるものと考えられるので、認められない。

●「専守防衛」のもとでの敵地攻撃

一定の制限のもとで攻撃的行動をすることは現行憲法下でも認められていると解釈されている。現在、そうした任務は「日米防衛協力のための指針（ガイドライン）」で、必要な場合には米軍が遂行すると定められている。しかし弾道ミサイルおよび大量破壊兵器の拡散が進む中で、専守防衛戦略を維持したうえで敵地攻撃能力を取得し、それらの脅威に対抗していくべきだとの意見も現れている。

平和安全法制の議論を振り返る

先に決まった平和安全法制（安保法制などとも呼ばれる）では、集団的自衛権の限定的な行使容認、自衛隊の活動範囲や武器使用の拡大、ＰＫＯにおける駆け付け警護など、広範囲な分野で様々な議論が交わされてきた。ここでは元自衛官という立場からその議論を振り返ってみたい。

平和安全法制は国益を円滑に実現するためのもの

自衛隊が時代の変化や安全保障環境の変化に伴って変わってきたように、その活動の根拠となる法律が変わるのは当然だと受け止めている。

自衛隊には、国が将来を予想して、その国益を実現するために求められる任務がある。

平和安全法制は、それを円滑に行動に移すために必要な法律の内容だと考えている。反対に言えば、求められる役割に法的な根拠がなければ、円滑に任務を遂行するのは難しくなる。

平和安全法制の中では集団的自衛権がクローズアップされているが、私がいちばん注目していたのはグレーゾーン事態だ。「平時」と「有事」という大きな二段階の区分ではなく、そこにグレーゾーン事態を組み込んでいるのが非常に現実的だと思う。

MEMO

グレーゾーンの事態とは？

グレーゾーンの事態とは、領土や主権、経済権益などをめぐる、純然たる平時でも有事でもない幅広い状況を端的に表現したもの。外国の武装集団による離島上陸・占拠や公海上での民間船舶の襲撃など、海上保安庁や警察だけでは対処できない恐れのあるケースも含まれる。

先ほど少し触れた心理戦などは、いつのまにかやってきている可能性もある。

現代の戦いというのは、昔のように宣戦布告して、よーい、どん、という場合とは限らず、実はいつ始まっているのかわからないということだ。

そういう予兆があるときに、それが武力と武力による戦争に発展しないようにする手段を持っておかなければならない。緊張度が高まってきている段階において、それに対応する手段を持っていることで相手にそれを思いとどまらせる、あるいは偶発的な衝突を起こさせないようにすることが抑止になる。

「平時」と「有事」だけでは自衛隊の行動に限界がある。そもそも、お互いに最終的に戦争に発展することを望んでいるわけではないだろう。

グレーゾーンへの対処が戦争を遠ざける

グレーゾーンという概念は比較的新しいものだと記憶している。

だから法律もなかった。

しかし過去を振り返ると、グレーゾーン事態は幾度となくあった。国家同士の利害な

※①…1962年、ソ連がキューバに核ミサイル基地の建設を計画し、米ソの全面核戦争寸前まで緊張が高まった。しかし米国がカリブ海で海上封鎖を実施したことでソ連が譲歩し、ミサイルを撤去したことで衝突は回避された。

新設	
国際平和支援法	他国軍の後方支援などのために自衛隊を海外派遣可能に。
平和安全法整備法（一部改正を束ねたもの）	
自衛隊法	存立危機事態（※②）、グレーゾーン事態への対応規定、武器の使用基準の緩和など。
PKO協力法	PKO以外に駆けつけ警護や停戦監視など業務が拡大。
重要影響事態安全確保法	周辺事態安全確保法を改正。日本のために活動する米軍などへの後方支援が可能に。行動範囲の地理的制約を撤廃。
船舶検査活動法	日本周辺以外の船舶検査も可能に。
武力攻撃事態対処法	集団的自衛権行使の要件を明記。
米軍等行動関連措置法	米軍以外にも支援が可能に。
特定公共施設利用法	米軍以外も日本の港湾や飛行場が利用可能に。
海上輸送規制法	存立危機事態に対応。他国軍の武器等の輸送も可能に。
捕虜取扱い法	存立危機事態に対応。
国家安全保障会議設置法	存立危機事態や重要影響事態などを審議の対象に。

【図表】平和安全法制の構成（内閣府の資料などを参考に作成）

どが対立し、どちらかが、あるいはお互いに挑発することで事態がエスカレートする。その緊張が徐々に高まっていく中間段階がグレーゾーンである。

例えば1962年のキューバ危機[※①]、最近で言えば北朝鮮がミサイル実験を繰り返していた時期に米海軍が空母を朝鮮半島周辺に展開したのもグレーゾーン事態における対応の一種と言えるだろう。

今回の法律は、グレーゾーンという枠組みを設けることによって、相手の戦う意思を削ぐ目的があるのだろうと思う。戦争が起こりそうに

※②…我が国と密接な関係にある他国に対する武力攻撃が発生し、これにより我が国の存立が脅かされ、国民の生命、自由及び幸福追求の権利が根底から覆される明白な危険がある事態をいう。

なったときに、こちらはこんなこともできるということをたくさん持っている方が、結果的に戦争をしづらくさせるというのが私の認識である。

イメージ的には空自のスクランブルと同じような感じだろうか。相手の脅威の兆候に対して、素早く、先行的に反応する姿を見せることが抑止力につながる。

もうひとつ重要なのは、監視能力を上げることだ。相手の不穏な動きを察知したときに、その正面の監視能力を高めると相手は動きにくくなる。

日本は自らが戦争をすることはない。しかし独立国としての危機に瀕することのないよう、相手に思いとどまらせるために様々な対抗手段を持ってそれを排除する。こうした法整備は他国に対してもメッセージになり、相手の心理にも影響を与えるものと思う。

自衛隊に限らず、軍事力は戦争をするためだけではなく、それ以前に戦争を抑止するために存在している。今回の平和安全法制は、国家戦略のなかで戦争を抑止するために自衛隊を運用するという、新たな役割を付与するものだと考えている。

【第二章】

自衛隊とは何か?

災害派遣などを通じて自衛隊に対する関心は深まっているが、自衛隊がどういう存在なのかは一般にはあまり知られていないのではないだろうか。その本当の役割、組織としての特徴、訓練などの日常、部隊運用などを指揮する幹部自衛官の姿などを通して自衛隊の一端をご紹介しよう。

自衛官が考える自衛隊の役割

自衛隊員は任官した時に「服務の宣誓」をすることが定められている。

ご存知ない方がほとんどだと思うので全文を記しておこう。

この宣誓は、私の自衛官としての覚悟であり、自衛隊を退職した今でもそらんじることができる。

「宣誓、私は、我が国の平和と独立を守る自衛隊の使命を自覚し、日本国憲法及び法令を遵守し、一致団結、厳正な規律を保持し、常に徳操を養い、人格を尊重し、心身を鍛え、技能を磨き、政治的活動に関与せず、強い責任感をもつて専心職務の遂行に当たり、事に臨んでは危険を顧みず、身をもつて責務の完遂に務め、もつて国民の負託にこたえることを誓います」

平成28年、北海道における台風10号にかかる災害派遣（画像：陸上自衛隊）

この文言には大きくふたつのポイントがある。

ひとつ目はその冒頭にある「我が国の独立と平和を守る自衛隊の使命を自覚し……」という部分だ。これは、自衛隊の役割はわが国の防衛が主たる任務だということを明らかにしている。ただそこが一般的な国民とのギャップとなる部分でもある。

日頃、国防を意識していない方たちにとっては（それが普通なのだが）、やはり自衛隊といえば災害派遣なのではないだろうか。私は平成8年から平成10年まで、内局広報課で世論調査の担当をしたことがあったのだが、自衛隊が存在する目的は何

ですかと聞いたら、国防がトップではなく、災害派遣と答えた方が多かったと記憶している。※①

しかし言うまでもなく、実際は装備品を持ち、国の独立と平和を守るための訓練をし、いざとなったら命をかけて戦う実力組織なのである。

ここでふたつ目のポイントとなるのが「事に臨んでは危険を顧みず、身をもつて責務の完遂に務め……」という部分だ。実戦経験のない自衛官が、いざという時に命をかけることができるのか、これは長年にわたる自衛隊の課題である。この部分は自衛官自身の、現実と心の中のギャップである。正直なところ、私自身も退官するまでに命の危険を感じるまでの経験はない。ただ、一度だけ家族に遺書を書いたことがあった。レンジャー訓練の前である。この時は大げさに言えば命をかける覚悟だったが、そうはいっても厳重な安全管理の中で行う訓練である。

日常の生活で「命をかける」というと、それぐらいの気持ちや覚悟で、という意味で使うのだろうが、自衛官の場合はいざ戦いとなった時に、その言葉は比喩ではなくなる。

自衛隊にとって、この言葉の持つ意味合いが変わったのは国際任務が始まった時だろう。特にイラク派遣はそうだったと思う。私もイラク派遣が決まった時は、仲間から犠

※①…平成27年１月実施の内閣府の世論調査でも災害派遣が81.9％でトップ。

イラク派遣において、集まってきた現地の子供たちと交流する自衛隊員（画像：陸上自衛隊）

牲者が出るかもしれないなと、正直思った。PKOの枠組みとは違うイラクで活動する上で、隊員一人一人がどうやって納得するか。家族を納得させるか。特に第1次隊の隊長や業務支援隊長は相当ご苦労されたと思う。そしてあの時赴いた隊員とご家族には、かなりの心理的負担があったはずである。国際任務では、それ以前のPKOから帰った後輩に話を聞いたときも、かなり身の危険を感じる場面はあったという。

念のために書いておくが、こうした任務に無理矢理連れて行くことはない。本人の意思や家族の事情などは考慮されるし、派遣前の訓練の途中で脱落する場合もある。

そういった覚悟を醸成させる上で重要に

なるのは、使命感の教育である。精神教育というと語弊があるかもしれないが、自衛官は使命感を過去の戦史などいろいろな事例から、ことあるごとに学んでいる。また自衛隊は部隊活動の3要素というものを重視しており、それは「団結」「規律」「士気」という言葉で示されている。この三つも使命感につながるものである。

自衛官、特に幹部自衛官はほぼ2年ごとの異動でいろんな内容の仕事を経験するのだが、部隊の最前線にいても、デスクワークをしても、入校しても、世論調査をしても、何をやっていてもそれは国を守り、国民の生命と財産を守ることにつながるのだという使命感を持ってやってきたつもりである。

もうひとつ付け加えるならば、自衛官は一般の方に比べてある意味危険を意識する職業なので、一人一人が死生観を持っていると思う。私は防大のときに初めてその言葉を知り、学び、自分の死生観を論文として整理したことがある。自衛官に限らず、人間には等しく死は訪れるものであり、それがいつ、どのタイミングでやってくるのかはわからない。避けられないものであれば、できるだけポジティブに捉えたい。命をかけた結果として死が訪れたのなら、その後に何を残せるのか。死を無駄にしたくない、私はそれを意識している。

自衛隊という組織の特徴

自衛隊は約24万名を擁する巨大組織だ。

そこには毎年多くの若者が入隊してくる。

では人はどのようにして自衛官になるのか。どのようにして特殊な技術や体力、規律を身につけるのか。どのように昇任していくのか……。

ここでは自衛隊という組織の特徴についてお話ししよう。

有機的に組織化された自衛隊

今、役所勤務になってわかったのだが、役所の業務はサービスの内容ごとに縦割りで完結するようにできている。ここでの縦割りは悪い意味ではなく、例えば住民票を取り

■防衛省・自衛隊で働く　自衛官・事務官等の現職員数

自衛隊の隊員数（平成29年３月31日時点）

たいと思えば、住民課に行けばそこで発行してもらえる。

ところが自衛隊はどんな任務が来るかわからないのでそれができない。「攻撃課」とか「防御課」とかはできないわけだ。自衛隊はそれぞれの機能を横につなげ、串刺しにして組み合わせることでひとつの任務を達成するという組織体制になっているので、他の機能との連携や組織化が死活的に重要になってくる。

作戦を支援する部隊は作戦遂行部隊と連携しなければいけないし、作戦部隊を指揮する幕僚組織もいろんな機能を専門とする幕僚がいて、その専門的な意見を組み合わせながら組織化していく。

例えば普通科部隊がこう戦っているときに、特科部隊はどういう支援が必要なのか、戦車部隊はどう戦うのかを一体化したときに、1+1が3になり、3+1が5になるよう、能力を発展させていく。実際のところ、訓練や演習において指揮官や幕僚はそういう訓練ばかりをやっているといっても過言ではない。

統合運用にも見られる組織の柔軟性

もう少し大きな視点でいうと、統合運用※①も同様だ。統合運用に移行するまでは基本的に陸海空それぞれが別に動いていた。今にして思えば防大を作ったのは先見の明があったと思うが、陸海空の自衛官が交流する機会は、その防大時代（この時はまだ学生だが）とCGS※②やAGS※③といった教育課程で海空の学生と一緒に統合運用の教育を受けるときくらいだった。しかしCGSやAGSに入校するころは、お互いにかなりの経験を積んできているのでそれぞれの文化にどっぷりと染まっており、陸の私は海・空の専門用語や業界用語すらよくわからない。部隊の運用にしても時間的な感覚だとか空間的な尺度がぜんぜん違う。陸は焦点を絞ることが多いので、海空からみれば陸は細いなと思うだ

※①…複数の自衛隊が、共通の目的・目標を達成するために、一体的に活動すること。
※②…Command and General Staff Course＝指揮幕僚課程。
※③…Advanced Command and General Staff Course＝幹部高級課程。

ろうし、陸から見れば海空は大雑把だな、となる。この違いは今も基本的に変わらないのだが、統合運用に移行してから一緒に訓練する機会も増え、お互いの理解も深まってきたので、それぞれの持ち味を生かした有機的な運用が組織としてできるようになってきたと思う。

自衛隊というと＝軍隊＝硬直した組織というイメージがあるかもしれないが、実は柔軟な組織なのである。というより、柔軟でなければ効率良く効果的な任務の遂行はできないのである。

私は現在、某市の危機管理監を拝命しているが、全国の地方自治体のこのようなポジションには、私以外にも多くの退職自衛官が採用されている。役所の日常業務は縦割りで完結できるようになっているが、いざ災害が発生した時、想定しない事態などが発生し、その対応には多くの部署の連携や組織化が必要になってくる。私たちには、そういう部分に対する期待もあるのだと思う。

私はこうして自衛官になった

1970年代後半。この頃の日本は高度経済成長が一段落し、後のバブル期の到来まではは、まだ数年を待たなければならない。世界情勢に目を転じれば、東西冷戦という緊張の真っただ中にありつつ、奇妙な均衡を保つ凪のような時代だった。当然、一般人の自衛隊への関心も今のように高くなかったはずだ。そんな時代に、私はどうやって自衛官への道に導かれていったのか。少々長くなるが、若き日の経験をお話ししよう。

防衛大学校……何ですかそれは？

私は高校時代、軟式テニス部に所属していた。2年生になって、そろそろ進学を考える時期になり、3年生のキャプテンにどこを受験するんですかと聞くと、防衛大学校だと言う。防衛大学校……？　まったく知らなかった。何ですかそれは？　聞けば勉強して、しかも給料※①がもらえる大学だと言う。そんなおいしい大学があるのかと驚いた。

私は男3人兄弟の真ん中。兄はすでに大学に行っていて、弟もいる。家は兼業農家なので経済的負担をかけたくないという思いもあり、学費の安い国立大学に行くつもりで勉強していた。そこで親父にそんな大学があるらしいよ、と言うと、どうやら親父は知っていたらしく、無理だ、お前が合格するわけがないとにべもない。

その後、私たちにも進路の説明会があって、そこには自衛隊地方連絡部（当時）の人も来ていた。そこでは一般2士、曹学※②、航空学生、それと防大の話があった。

親父には再び、防大は受かるわけがないから曹学を受けろと言われたのだが、ちょっと待ってくれ、それは大学じゃないじゃないかと。私は大学に行き、いずれ電気関係のエンジニアになりたかったたし、そう言われると腹が立ったので受験することにした。もちろん当初の目標だった国立も受験して、受かればそちらに行くつもりだった。

※③1次試験は確か秋口と、一般の大学に比べて早かったので、正直に言うと防大は腕試しのつもりだった。余談になるが、もともと理数系は得意だったので問題の大半は解けたと思うのだが、数学で1問だけすごく難しい問題があって、それだけはまったく答え

※①…毎月学生手当11万1800円、6月、12月に期末手当（ボーナス）年約35万2170円が支給される（平成27年4月1日現在）。
※②…一般曹候補学生。将来、曹（下士官）になるための教育を受ける。現在は廃止。
※③…防大生の身分は特別職国家公務員なので、入学試験ではなく採用試験。

防衛大学の入学式の様子（防衛省）

がわからなかった。それが悔しくて、今でもその問題を覚えている。

結果は合格である。2次試験に進むかはすごく迷ったのだが、今度は逆に親父が乗り気になってしまった。

2次試験は身体検査や面接などだ。当然併願があるかを聞かれ、もしそちらに受かったらどうしますか？　という質問もある。これは後に私が幹部候補生学校の面接官をしてわかったことだが、そのとき一流の一般大学出の人が受験に来た。同じ質問をすると、もちろん幹部候補生学校に入ります、と言う。しかしそれが本心かどうかはなんとなくわかるものである。嘘でしょ、本当は来ないんでしょう？　と。

私は幸いにして嘘（？）がバレず、防大は合格したのだが、まだ国立の試験もあったので気持ち的には決めかねていた。結局、国立は残念ながら不合格だったので防大に進むことに決めたのだが、この話にはまだ続きがあった。

入校前の準備※④で着校した後に、親父から国立に合格した、と連絡が入ったのである。補欠合格になったらしい。「けど、（断って）いいよな」と。しかし着校してすぐで、こんな窮屈な生活がこれから続くの？　とすでに思っていたので、国立に行ってみたいな、でもここまで来たしな、学費のこともあるしな、と心がグラグラ揺れたのを覚えている。実際に、入校前から入校式までのわずか一週間程度の間で辞める者も多いのである。今にして思えば、人生の大きな分岐点だった。

防大を志望する理由は時代によって変わるのだと思うが、私の時代はまさに幹部自衛官を目指した者、周りに勧められた者、私のように経済的な理由、ほかの大学に落ちたからと、様々だったと思う。

想像を超えた防大の生活

※④…4月1日の入校式までの約1週間、防大生になるための準備期間がある。

防大に入ると学生舎は4人部屋※⑤だと聞いていたので、大学生になれば絶対麻雀をするんだろうなと思っていた。だから持っていった手荷物は、英語の辞書と麻雀の本、この2冊だけである。

最初（前期）は4年生が部屋長で、われわれ1年生が3人という配置だった。その4年生はすごく真面目で穏やかな方で、麻雀の本を見ると「君、これなに？」と優しく聞いてきた。麻雀を覚えようと思いまして、と言うと、「君、ここは麻雀を勉強するところじゃないし、ここではできないよ」と、やんわり叱られた。

着校してまず驚いたのは、対番※⑥の2年生から命じられたプレス（アイロン掛け）である。貸与された制服をビシッと仕上げるように、と言う。しかし、もちろん誰もやったことがない。新品なので「アイロン掛けなんかする必要ないんじゃないの？」などと言いながらとりあえずやってみることにした。3人分なので、こっちのほうが効率がいいだろうと3枚重ねて掛けて2年生に提出したら、「お前ら何じゃこれは！ 全体重をかけてプレスし、折り目でリンゴの皮が剥けるぐらいピシッと入れるんだ！」と指導されてしまった。それと靴磨きだ。これも新品だから磨く必要ないでしょ？ と思いつつ適

※⑤…８人部屋、４人部屋、２人部屋と変更があったが、現在は各学年２人ずつの８人部屋。
※⑥…右も左もわからない防大１年生の生活全般を指導する２年生。

当にやると、顔が映るくらいまで磨けと指導される。

学校生活が始まると、特に1年生は時間がなくて、4時ごろ課業（授業）が終わるとその後は校友会（クラブ活動＝硬式テニス部）、6時に終わると晩めしを食って、風呂に入って、7時には学生舎に戻らないといけない。私は第4大隊の学生舎で一番端っこだったので風呂場や食堂から一番遠かった。だから平日は風呂の湯船に浸かったことはなかった。ただ、週末は時間的余裕もあるし先輩が外出していないので、昼間広い湯船にゆったり浸かることができる。これは最高の時間だった。

1年生も途中から外出できるようになるのだが、大変だったのは服装点検だ。朝に服装点検を受けるのだが、これがまず一回で合格しない。その後何回か受けて、結局外出できるのが午後になってからというのもしょっちゅうだった。何を見るかというと、制服のプレスやほこり、靴の磨き具合、頭髪やひげ、爪の長さなどだ。

服装点検は、外出時に制服を着替えることができない一年生の最初の頃が特に厳しい。ただ、今にして思えば、防大生として恥ずかしくないように振る舞えと、外出時の心構えを教えてくれたのだと思う。

確固たる理由はなく陸自要員に

2年生になるときには、陸・海・空それぞれの要員に分かれる。なぜ陸にしたのかは、はっきり言って確固たる理由はなかった。長期間の航海に出る艦艇は性格的に辛そうだし、空のパイロットは視力が悪いため資格が得られないとわかっていたし、陸は人の組織だと聞いていたので、そこは向いているのかなという、かなりふわっとした理由だった。白状すれば、陸の駐屯地は街に近い（遊びに行きやすい）、というのもあった。

防大での勉強は軍事関連ばかりかと思われるかもしれないが、一般の大学と同じく一般教養と専門の教育があり、それにプラスして防衛学や訓練なども行う。私は電気が専攻だったので、卒論は青色発光ダイオードだった。まさに後にノーベル賞を取った研究と同じである。ただ、研究は一生懸命したのだが、青色には光らず白。見ようによっては青っぽかったと今でも信じているのだが……。

防大での私の勉強が私の自衛隊生活で直接役立ったかと聞かれれば、答えに困るところもあるが、防大設立の考えとして旧軍の反省をふまえ、科学的な思考という観点から現状をいかに分析し解決策を倫理的に考え実践するという幹部自衛官としての資質のベースになったと信じている。作戦ひとつを考えるにしても、合理的で根拠のあるものでなくてはならない。気合や根性だけでは、戦いに勝てないのである。幹部自衛官として国際的な視野を持つ、あるいはリーダーとしての資質を身につけるといったことも、防大時代にその基礎を学んだ。

防大の特徴は、陸・海・空の幹部候補が一緒に勉強することだが、自衛官になった当初はその意味を感じることはほとんどなかった。しかし階級が上がり、師団や方面隊レベルの作戦になると、海空と接する場面も増えてくる。さらに統合運用になると、お互いに顔を知っていると知らないとでは全然違ってくる。同期がいるとわからないことも聞きやすいし、本当に意思疎通がスムーズになる。

職種は通信科を希望するも普通科に決定

防大を卒業すると、次は幹部候補生学校に入校する。ここで初めて「陸曹長」の階級をもらい、晴れて自衛官となる。

防大時代は将来の幹部自衛官として、個人の各個動作ができるように、隊員の模範とまではならなくても、恥ずかしくないくらいになっておかなければならない。次の幹部候補生学校では個人レベルから一段上がり、班長等として約10名の小部隊を指揮する能力を身につける教育を受ける。ここでは人を使うことの難しさを痛感させられた。特に難しかったのは連携である。敵を意識しつつも自分が指揮している隊員を相互に連携させるよう命ずることや、タイミングよく砲迫火力を要求するなど、とにかくやることがたくさんある。隊員をただ漫然と束ねて戦うのではなく、その能力を最適のタイミングで結集して発揮させせなければならないのだ。

こうした教育は、座学や実戦を想定した訓練で繰り返し行われる。教官からは、あそこでこういう行動をとったけど、何でしちゃったの？　とか、この場面ではどうするべきだったの？　とか、人を組織化するノウハウを学ばせてもらった。

もうひとつ、幹部候補生学校で身についたのは体力である。とにかく、そうとう走りまくった。その中でもクライマックスは、ご存知の方もいるかもしれないが高良山登山走※⑦である。とにかく一つでも順位を上げたいので、同期同士、意地と意地のぶつかり合いである。

先ほど防大2年で陸・海・空に分かれると書いたが、ここ幹候では職種※⑧を選択するこ

※⑦…学校から高良山（こうらさん）を登り、高良大社までの5.6キロを走破する。卒業条件は現在、男子30分以内、女子35分30秒以内。なおコース記録は東京オリンピック銅メダリスト、円谷幸吉による18分９秒で、現在も破られていない。
※⑧…陸自は普通科（歩兵）、機甲科（戦車）、特科（大砲）など16職種ある。

とになる。いわば自衛官としての専門職である。もちろん希望は聞いてくれて、確か第6希望くらいまで書かされた記憶がある。

私は電気が専門だったので、第1希望は通信だった。それがダメだったら普通科かな、と考えていた。それは防大で陸を希望した時と同様に、人の組織というのが理由だった。ただ、第2希望で普通科と書いたら通信は絶対ないなと予想はできた。おそらく普通科になって、第2希望でよかったね、となる。だから普通科と書かなかったか、書いても後ろの方だったと思う。

職種を決めるための区隊長の面接では「河井、お前は通信希望か。で、普通科はどうなの？」と聞かれた。予想通りの展開である。ただ区隊長はすごく信頼できる方で、この人に嘘はつけんなあと、実は第2希望なんですけどと、ついポロっと言ってしまった。それで、めでたく普通科に決定したわけである。区隊長は私が普通科に合っていると思っていたようだ。

誤解いただかないように付け加えると、普通科が特に不人気というわけではない。ただ職種を希望する際、若い頃は戦車とか大砲とか、目立つ装備に興味が行くものである。それに対して普通科は〝歩く〟という悪いイメージがある。加えて防大とか幹部候補生

■陸上自衛隊の職種

陸・海・空自衛隊にはさまざまな職種・職域（兵科）があり、陸上自衛隊の職種は16種類。普通科、機甲科、野戦特科、高射特科が戦闘職種で、それ以外は後方支援。なお海自は約50種類、空自は30種類の職域がある。

- **普通科**…地上戦闘の骨幹部隊として、作戦戦闘に重要な役割を果たす。
- **機甲科**…戦車部隊と偵察部隊がある。
- **特科（野戦）**…火力戦闘部隊として大量の火力で広域な地域を制圧。
- **特科（高射）**…対空戦闘部隊として侵攻する航空機を要撃。
- **情報科**…情報資料の収集・処理などを行い、各部隊の情報業務を支援。
- **航空科**…各種ヘリコプター等で広く地上部隊を支援。
- **施設科**…各種施設器材をもって戦闘部隊を支援。
- **通信科**…部隊間の指揮連絡のための通信確保、電子戦の主要な部門を担当。
- **武器科**…火器、車両、誘導武器、弾薬の補給・整備、不発弾の処理等を行う。
- **需品科**…糧食・燃料等の補給、整備及び回収、給水、入浴洗濯等を行う。
- **輸送科**…輸送業務の統制。特大型車両等をもって部隊等を輸送する。
- **化学科**…放射性物質などで汚染された地域を偵察し、除染を行う。
- **警務科**…犯罪の捜査、警護、道路交通統制など部内の秩序維持に寄与。
- **会計科**…隊員の給与の支払いや物資の調達等の会計業務を行う。
- **衛生科**…患者の治療や医療施設への後送、隊員の健康管理等を行う。
- **音楽科**…音楽演奏を通じて、隊員の士気を高揚。

学校の訓練は大体が普通科みたいなところがあるので、みんなそろそろ歩くことに飽きている時期なのである。

しかし普通科の指揮官は部隊の真ん中に位置する。ほとんどの作戦を決めるのは普通科の指揮官であり、一般的な作戦では、普通科を中心に、戦車や大砲を配置してコンバットを組むのである。実際、私が普通科連隊長の時に戦車部隊や特科部隊、さらには施設部隊、通信部隊など他の職種部隊の配属を受け、約２０００名に近い戦闘団を指揮し、検閲を受閲した経験がある。

普通科という呼び方は自衛隊独自のもので、一般的には歩兵である。しかし私自身は歩兵という言い方はあまり好きではない。普通科の普は「あまねく」の意味と捉えれば、むしろ普通科の方がふさわしいと思っている。そう納得するように努めていた部分もあるのだが。

約５か月間の幹部候補生学校を卒業すると、いよいよ初めての部隊勤務となる。赴任地は冒頭に書いたように北海道・名寄駐屯地にある第３普通科連隊と決まった。

自衛隊の実力とは？

自衛隊の実力は世界的にみてどのくらいなのか。

おそらく多くの国民が抱く率直な疑問だろう。しかし正直なところ、この質問には答えようがない。確かなのは、より強くなるために作戦を考え、訓練をし、日々練度を上げる努力をしているということだけである。

すべては米軍との連携次第

この疑問は、自衛隊に実戦経験がないために出てきたものだろう。世界的に脅威の対象が多様化してきているなかで、自衛隊はそれなりに対応を考えてきているので、どんな有事でもできませんとは言えないし、不安は与えたくない。脅威の対象をどこに置くのか。脅威の対象によって、われわれがどう対応するのか、どう戦うのかは当然変わってくる。

とは言っても、もうひとつ専守防衛という原則がある。過去の戦争の反省も70年間受け継がれてきている。その二面性があって、そこでのバランスをとったのが自衛隊の戦い方になっているのだろうと思う。

実際のところ、米軍との共同作戦なくして戦うことは考えられないので、要は米軍との連携次第である。連携の仕方でより強い力を発揮できる。

１９８０年代の名寄での訓練は、どこかの国が攻めてきたら防御線を構築して耐えに耐え、その間に米軍の来援を待つというのが基本線だったことは前にも書いた。

戦いというのは、米軍のように圧倒的な物量を持っていたほうがいいのは言うまでもない。ただ、最近は予算などもろもろの要因により第一線の戦力を削らざるを得ない状況なので、機動的な対応を重視する方向に変わってきている。師団の一部が旅団化された[※①]のもその一環だ。そうなると、機動的に運用するしかない。より柔軟になった、と言うほうが耳あたりはいいかもしれない。

陸自の戦い方の特徴は、米軍と共同訓練をすればよくわかる。

※①…現在は９個師団（定員約6000名～9000名）、6個旅団（定員約3000名～4000名）。

■わが国周辺における主な兵力の状況（概数）

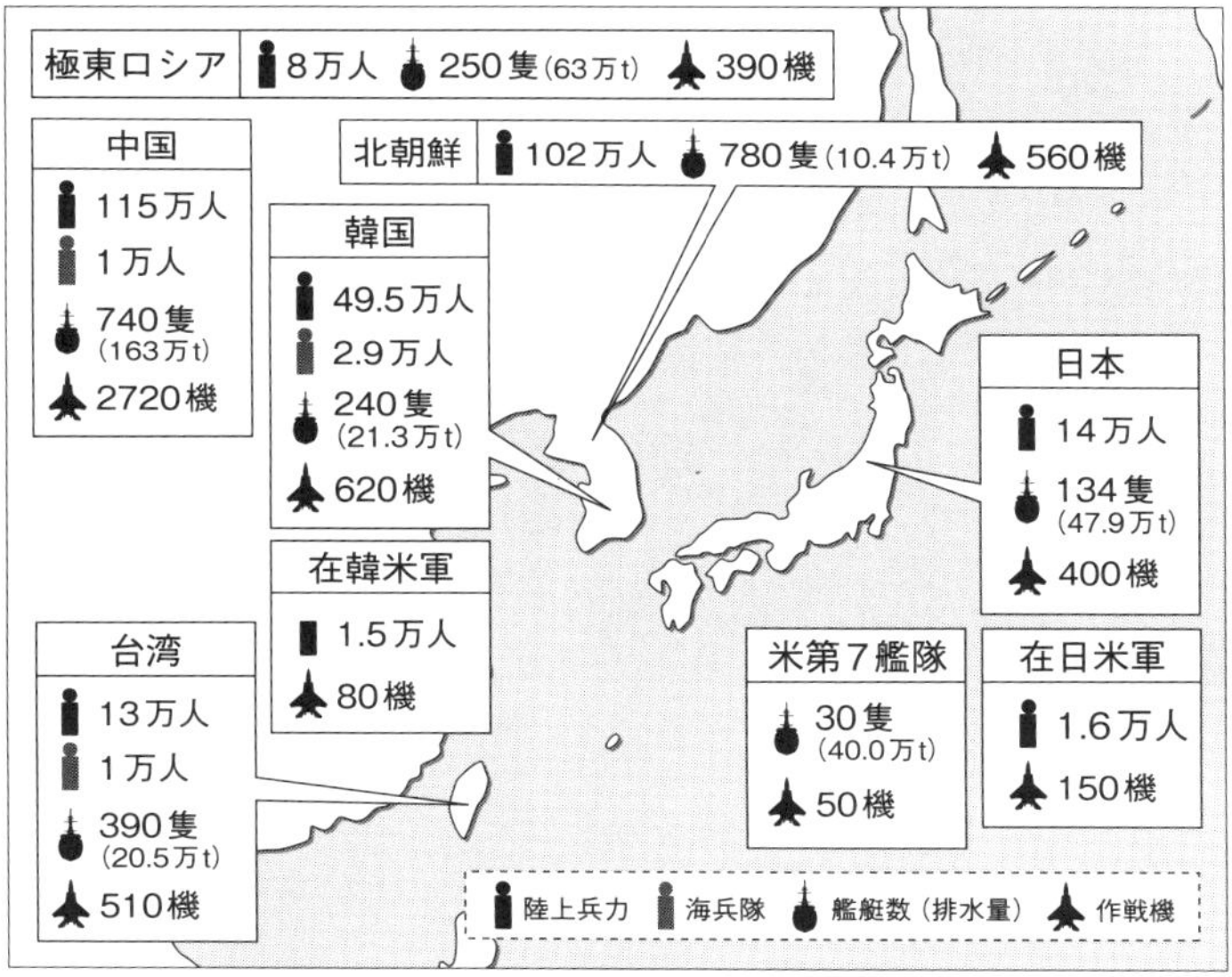

※資料は『ミリタリーバランス（2017）』などによる。

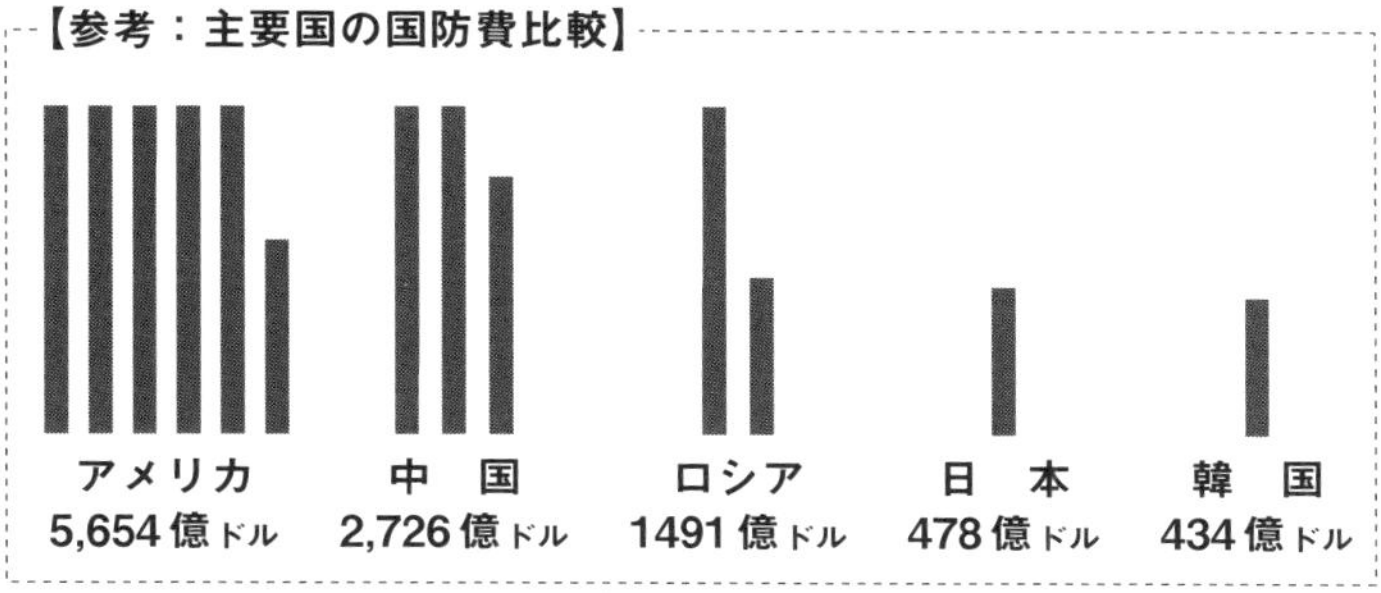

※金額は2016年の国防費。数字は各国発表資料による。

米軍との統合訓練での一コマ。米軍に比べて自衛隊は細やかな性質を持つ（写真：陸上自衛隊）

陸自は日本の地形特性に合わせた戦い方を研究している。反対に、米軍は世界各地のいろんなところで戦っている。まずその発想の違いがある。だから調整する時は、自衛隊は非常に綿密にするが、米軍はかなりざっくりしている。つまりやってきている土壌や環境が違うのである。こうした地域的な特性は戦い方にすごく反映されてくる。

第一線の班長や小隊長などの経験から感じたのは、地形のこぶひとつが命を守ったり、勝敗を左右することがあるということだ。ＦＴＣ（72ページ参照）で交戦装置を入れて訓練するようになってから本当にそれがよくわかった。戦いとはそういうことの積み上げなのだ。正面の第一線が成功しないことには、いくら後ろが怒鳴り声を上げていても結局は負けている。

隊員の練度が高いのは本当？

もうひとつよく聞かれるのは、自衛隊の練度は高いのか、ということだ。練度が高いということは、効率的に戦闘力を運用しているということになる。先ほど書いたように、限られた戦力の中でいかに勝つかということはずっとやってきていることなので、そういう意味では練度は高いと思う。

個人レベルで言っても自衛官の練度は高い。新隊員は入隊してくる時点での教育レベルが高いので、教えても飲み込みは早いし、射撃の練度も高いし、個人レベルの戦技能力は高い。今の若者は優秀だと思う。

余談になるが、ＰＫＯで海外に派遣されるとよく外国軍と親睦を兼ねていろいろなスポーツで交流するのだが、そういう競技会では自衛隊は結構勝利を収めている。自衛官は負けず嫌いが多く、どんな闘いでも負けたくはないのだ。

自衛官は平時何をしているのか？

「自衛官は普段何をしているのですか」

自衛隊の実力とともに、こういう質問も多く受ける。

自衛官にとっての日常は、個人レベルの体力錬成から部隊レベルの訓練まで、戦うための準備が主要な部分を占めている。しかし訓練自体は基本的に公開するものではないし、マスコミで報道されることはほとんどないので、一般の方が疑問に思うのは当然だろう。ただ、毎日訓練ばかりをやっているわけではなく、訓練をすれば装備品を使うので、そうしたもののメンテナンスや管理も必要だし、訓練場など環境の整備や営内の即応態勢の維持なども行っている。

部隊ではざっくりと即応する部隊、訓練をする部隊、整備や補給など環境の維持管理をする部隊と分けて、ローテーションすることなどで即応態勢を維持している。

■ある自衛官の１日

06時00分	起床
	点呼 隊員食堂にて朝食
08時15分	国旗掲揚・朝礼
午前	午前の訓練指示 訓練 （射撃は野外訓練等）
12時00分	隊員食堂にて昼食
	午後の訓練指示
13時00分	午後の課業開始
午後	訓練 明日の訓練準備等 整備、体育
17時00分	国旗降下・終礼
夜	職員食堂にて夕食 入浴 自由時間
23時00分	就寝

規則正しい生活。自衛官の生活は訓練が中心になっている。

もう少し長いサイクルでいうと、個人レベルの練度を上げる時期、小部隊の練度を上げる時期、作戦の基礎となる中隊やその上の連隊規模の練度を上げる時期という具合に、部隊をだんだん大きくして組織的な動きに持っていくというのが一般的なやり方である。

個人のレベルは各部隊で最低限の基準が示されている。射撃何級、体力検定何級、何キロの荷物を持って何キロを何分以内に歩けないといけないといった細かい基準である。これは達成すべき能力をできるだけ数値化して、目標を明確にするためである。作戦では、攻撃と防御ではやり方がまったく違う。攻撃の訓練は動くことが主になる。

どんどん動いていって、動きながら戦闘力を組織化する。そして敵の弱点を見つけてそこを攻める。

防御はというと、攻撃とは逆で大半が準備である。こっちからきたらこうする、こっちからきたらこうすると、どこから来てもいいように構える。だからやることがまったく違うのである。攻撃ばかり訓練している部隊があるとすると、その部隊はやがて防御が弱くなりかねないので、そのバランスも重要になってくる。訓練では対抗部隊役が必要なので、例えば中隊で訓練するときは隣の中隊にお願いする。同じ連隊の中の中隊はもちろん仲間なのだが、訓練ではお互いにライバルとして切磋琢磨しているのである。

FTCの創設以降、訓練はより実戦的に

通常の訓練では審判員（補助官）がいて、ここは攻撃成功、防御部隊は何メートル下がれといったように統制するが、20年近く前にFTC※①が出来てからは、訓練の質が向上し、より実戦的になった。

FTCでは小銃に電子光線が出る装置を取り付け、いわゆる電子銃のようにして、命

※①…2000年３月に創設された富士学校隷下の訓練支援部で、正式名称は部隊訓練評価隊。通称富士訓練センター（Fuji Training Center：FTC）。山梨県の北富士駐屯地にある。

FTC長を務めたときの１枚。富士山をバックに隊員たちで「FTC」の人文字を作った。

中すると胸元のモニターに「シボウ」「ジュウショウ」「ケイショウ」の文字や受傷部などが表示される。軽傷だったら自分で処置をして復帰し、重傷だったらほかの隊員が治療のために後送しなければいけない。

ＦＴＣでの訓練で効果が明らかだったのは、敵の弾をより意識するようになり、隊員の動作が変わったことだ。警戒・監視や偵察などによる敵情解明や部隊相互の緊密な連携などが、より実戦的に行われるようになった。もちろんそれまでの訓練でも頭ではわかっていたのだが、言わなくても正しい動作ができるようになっていく。なぜかといえば、みんな殺されたくないからだ。一度死亡判定を受けたら部隊に復帰することはできない。その後は一か所に集められ、モニターで自分の仲間たちが頑張っているのをただ見ているだけだ。例えば小隊長が戦死したら、誰かが代わりに小隊を指揮しなければならない。

それまでの訓練では、通常、小隊長は戦死させなかった。それは終始を通じて小隊長の指揮動作を見て指導するためだ。死んだら小隊長の能力がわからない。

しかしＦＴＣで訓練するようになってからは、それはもう、どんどんいなくなる。逆に言えば、小隊長はいかに自分がやられないようにするか、もしくはやられたときでも自分の小隊の任務が遂行できるように、事前にどれだけ準備していたかが明確になる。訓練が終わったあとには反省会をするのだが、戦闘の記録が映像も含めてすべて残っているので隊員も必死だ。これにより隊員一人一人の意識も変わってくる。

私も昔、バトラー（交戦用訓練装置）による模擬戦で死亡判定を受けたことがあるのだが、それは悔しくて情けない思いをしたものである。

ＦＴＣでの敵役は評価支援隊という対抗部隊で、実力が高く、全国から訓練に来る部隊の相手をするのだが、私がいた間では負け知らずだった。時々評価支援隊同士で訓練をするのだが、両方ともレベルが高いのですごく見応えがある。

FTC訓練でのワンシーン。胸元にモニターを付けているのが分かる。

私はＦＴＣでは部隊訓練評価隊長をしていた。役割は統裁官として全般の訓練統制である。どこまで訓練を続けるのかとか、訓練後のＡＡＲ※②を行うときに、どこをポイントにするのかとか、教訓として部隊に持ち帰ってもらいたいことなどの指導する。

一部隊に対する訓練は概ね一週間くらいで、受閲部隊は全国からくる。まずは発光や受光装備を取り付けた装備に馴れてもらい、第一線で負傷したときの救護や救出要領を指導する。これは実は重要で、部隊ではあまり意識していないので、いきなり重傷と判定されても、どう後送していいかわからないのだ。一通りの準備訓練が終わると訓練本番となる。部隊規模は1個中隊か

※②…アフター・アクション・レビュー。戦闘シミュレーションから教訓を得るための手法。

2個中隊で、戦車や対戦車ミサイル、さらには特科の効果もシミュレーションできる。また自衛隊は、ずっと大規模な戦闘を前提に訓練してきたのだが、あるときからゲリラとか武装民とか特殊部隊といった得体の知れない脅威にどう対応するのかということに頭を悩ませてきた。しかしFTCでは様々な状況を想定した訓練が可能である。

訓練における評価のポイントは実に多岐にわたり、それぞれのレベルで違っている。作戦を立てる部署は、指揮官がいかに戦闘力を組織化できたか、それを部隊に徹底できたのか、そういった指揮や幕僚活動が適切に行われたたか。各級指揮官は自分の任務を正しく理解していたか、その任務に基づいてそれを具体化し、実行できたか。隊員は個々に与えられた任務を確実に遂行できたか。ただ、評価環境は限られるため、これらすべてを一度に、というわけにはいかない。したがって今回の訓練ではここ、次はここと、どこかに焦点を合わせて評価する。

訓練の内容は、技術的な面だけではなく、精神的な部分も含めて複合的に計画を立てる。肉体的な負荷とか睡眠時間を削るとかを訓練の中に仕込んで、わざとそういう状況を作らせるのである。極限状態になると人間の素が出るので、任務を付与するときの大事な要素にもなる。プレッシャーに弱い隊員には、怖くて部隊は任せられないからだ。

最も過酷だったレンジャー訓練

陸上自衛隊の訓練は総じて厳しいものである。それは体力、知力、技術、精神力などを駆使しなければならないからだ。なかでも最も過酷とされるのがレンジャー訓練だ。この訓練は、持てる力すべてを発揮しなければ生き残ることができない。

レンジャーとは?

レンジャーは陸上自衛隊の資格(特技)のひとつ。有事の際は主力部隊とは別に行動し、少数精鋭のチームで敵陣深く潜入し、重要攻略目標を攻撃する。

レンジャー資格に挑戦するには、「資格検査」と呼ばれる素養試験(体力検査8種目・

水泳検査3種目・身体能力検査4種目の合計15種目）に合格することが必要。レンジャー課程は約3か月間行われ、前半は基礎訓練、後半は実戦訓練。訓練内容は極めて過酷と言われ、それは「レンジャー五訓」※①にも表されている。

50キロの荷物を背負って歩く

私自身の経験で最もきつかったのはレンジャー訓練だ。

私がレンジャー資格を目指したのは、普通科の幹部はよほどの理由がない限り、黙って行くことになっていたという単純な理由からだ。私は左目の視力が悪いのでだめなはずだったのだが、私のころからメガネが可になって断る理由がなくなってしまった。メガネレンジャーである。

どれだけつらいかと言うと、まずは基礎訓練からだ。早い話が最初からである。基礎訓練では、特殊作戦を遂行する上で必要な技術と体力を鍛えるのだが、その目標は高く、日々が限界への挑戦だった。基礎訓練でも多くの隊員が脱落し原隊に帰っていく。そし

※①…一、飯は食うものと思うな　二、道は歩くものと思うな　三、夜は寝るものと思うな　四、休みはあるものと思うな　五、教官・助教は神様と思え

レンジャー訓練にて警戒する筆者（左）。訓練では気力、体力ともに限界が試される。

て後半の行動訓練ではレンジャー部隊が編成され、各種の任務が付与される。

駐屯地を出発するときに必要な荷物を装備して体重計に乗ると、プラス40、50キロある。この重さだと自分ひとりでは立ち上がれないので、寝転がって背嚢に腕を通し、バディに起こしてもらう。だからスタートの段階で「おれ、最後まで歩けるのか？」という気持ちになる。年齢的には20代中頃で一番体力がある時期なのにである。

その荷物は基本的に必要なものなのだが、たまに変なものも入れさせられる。これは爆薬だ、と渡されたものはどう見てもレンガなのだが、教官に爆薬と言われれば仕方がない。特に体力的に強い隊員が狙われる。

終わりが見えない地獄の最終想定

レンジャー訓練で一番つらいのは、体力もそうだが自分の折れそうな気持ちをなんとか折らずにつなげていく、この繰り返しにある。

夜はほぼ真っ暗闇でコースもよくわからない。しかし、空を注意深く見ると森の影の少しへこんでいる方向が獣道になっていて、地図と照らし合わせながら進んでいく。コースは地図を見ているとだんだんわかってくるのだが、今度は地図上に表されていない起伏がいくつもいくつも現れてくる。登りは木の枝が装備に引っかかって体力を奪い、下りは足元が暗くて見えないので足で草の深さを感じながら獣道を探って歩いていく。何よりつらいのは、終わりがいつということを知らされていないことだ。今日終わるのか明日なのか……。

やっとの思いで目的地についてもそれで終わりではなく、そこから作戦が始まる。作戦が終わると今度は離脱する。作戦も何個あるのかわからない。レンジャーなので、当然食料や水、睡眠時間も厳しく制限されている。

レンジャー訓練をテレビなどでご覧になった方はご存知かもしれないが、隊員が最も苦しむのは水の制限である。しかし多くの仲間が苦しむなか、私は不思議と水の制限には強かった。最終想定[※②]までは。最終想定で雨水を飲んでからおかしくなってしまった。

最終想定の前半、それまで我慢できたので水筒の水をあまり減らさずに来られたのだが、後半になって雨が降り出した。これをそのまま捨てるのはもったいないと、溜めることにした。やり方は首の後ろにビニール袋を広げ、鉄帽からつたって落ちる雨水をビニール袋で受けるという方法だ。ただ、雨水といっても鉄帽が汚れているので泥水である。暗闇なので、それを教官にみつからないように飲んでいた。ところが一度飲み始めたら今度は我慢ができなくなってしまった。あっという間に水は尽きて、喉の渇きに耐えながらの終盤は本当につらかった。詳しい内容は言えないが、仲間もそれぞれ工夫を凝らしていた。今にして思えばそれも生き延びるための知恵なのだろう。

教官も安全管理に気が抜けない

レンジャー訓練は学生がつらいのはもちろんだが、反対に指導者の立場になると別

※②…約４日間、ほぼ不眠不休で与えられた数々の過酷な任務を完遂する。

中隊長時代にはレンジャー隊長も兼務(左端が筆者)。11名のレンジャー隊員が最終想定を終え帰還。首からレンジャーバッジをかけられる。

の怖さがある。それは安全管理だ。レンジャーは極限状態のなかでの任務遂行を求められるので、訓練では常に危険と隣り合わせの状況をつくる。従って、万が一のときにどう救出するかは常に考えておかなければならない。

苦労したのは行動訓練の最終想定だ。私もそうだったが、最終想定の終盤は本当に厳しい。ここがいちばん苦しいところで、それを乗り越えれば状況終了、多くの学生が挫折する中、やっと残ってきた学生たちだから、なんとか卒業させたい。したがってここで倒れないでくれと祈るような場面である。

ところがこの場面で、座り込んだ学生

がいた。もう動けませんと、テコでも動こうとしない。正直、頼むからここで言うなよと。他の学生に担架で搬送させようかとも考えたが、他の学生にそのような体力が残っているようには見えなかった。その学生は心が折れかけていたが、時間をかけて休ませながらも叱咤激励し、なんとか他の学生と共に任務を完遂させることができたのだが、こういうときは指導者もかなりしんどい思いをするものである。

レンジャーでもそうだが、自衛隊の教育訓練は高いレベルを求めつつも、できるだけ脱落者を減らすことを目指す。それは自分たちの仲間として、少しでも多くの隊員に高い実力をつけてほしいという思いをみんなが持っているからだ。

レンジャー訓練が後の自衛官生活にどう役立ったかといえば、やはり精神的な限界の基準を持つことができたことだ。例えば陸幕勤務で睡眠時間が数時間、徹夜もしょっちゅうというときに、これはもう限界かな、と思っても、まあレンジャーに比べればいいか、歩かなくていいからな、と思ったことがずいぶんあった。

訓練自体はそれぞれきついけれど、いつかは終わる。そのあとには充実感が残るものである。

陸自にある特殊な部隊

陸上自衛隊には、諸外国に比べれば少ないが、特殊な部隊が存在する。特殊な部隊＝特殊な任務を担う部隊と考えていただければいいだろう。それだけに秘匿性が非常に高く、詳細は非公開だが、その概要をご紹介しよう。

専門部隊の集まりだったCRF

陸自はしばらく北部方面隊、東北方面隊、東部方面隊、中部面隊、西部方面隊の5個方面隊で編成されていた。方面隊は作戦の基本となる最大の部隊単位で、その隷下に作戦基本部隊である師団や旅団が置かれている。その時代の専門部隊は、第1空挺団、中央特殊武器防護隊の前身である第101化学防護隊は東部方面隊隷下、第1へ

降下訓練始めで戦闘訓練を行う第１空挺団。陸上自衛隊きっての精鋭部隊だ。

リコプター団は大臣直轄となっていたが、２００７（平成19）年３月にＣＲＦ※①が創設された際に、その隷下に編成替えとなった。

ＣＲＦは有事の際に迅速に対応するための機動運用部隊として創設され、国内外の各種任務を遂行する上で、一般の部隊にはない特殊な装備を持ち、特別な訓練を積み上げている特別な部隊の集まりである。

国内の運用に関しては、方面隊がそれぞれの担当地域が決まっているのに対し、ＣＲＦは日本全国。有事の際には緊急対応部隊として活動したり、増援して各方面隊に足りない機能を補完するといった役割がある。例えば空中機動・輸送能力が足りない時は第１ヘリコプター団、空挺作戦では第

※①…Central Readiness Force。防衛大臣直轄の陸自の機動運用部隊。有事の際の迅速な対処、国際平和協力活動の研究、指揮などのために設立された。2018年3月に廃止。隷下の部隊は新設された陸上総隊に移行した。

1空挺団、特殊武器への対応は特殊武器防護隊といった具合に、特殊性を持った部隊が必要な作戦で、必要な機能を提供するという位置付けだ。本来は各方面隊に特殊性を持った部隊があればいいのだが、人員や予算など、なかなかそうもいかないので効率化したというのが現実だろう。ヘリコプター団も空挺団も第1だけで、第2、第3がないことからもそれはおわかりいただけるだろう。

全国でひとつしかない特殊な部隊の集まりというのは見た目は格好いいかもしれないが、そこには悩みもある。というのは競争相手がいないのである。例えば師団だと中に複数の連隊がいて、連隊の中には複数の中隊があって、お互いに負けたくないと切磋琢磨できるのだが、比較対照するものがないので訓練評価も難しい。

別格の存在だった特戦群

ただ唯一無二なだけあって、私がCRF司令部幕僚長になって最初に見たときの感想は「どの部隊もすごいな」だった。特に興味があるのは特殊作戦群※②だと思うが、普通科のレンジャー経験者で、特殊作戦の訓練の経験がある私から見ても、やはりすごい。

※②…陸上自衛隊初にして唯一の特殊部隊。任務や訓練の内容、保有する装備などは一切公表されていない。

CRFの編成完結祝賀行事で整列する特殊作戦群の隊員（写真提供：時事通信）

詳しい部分には触れることはできないが、何がすごいかというと技術もすごいし、心の部分もすごい。例えば特殊作戦群が行う人質救出作戦は、ＶＩＰなど絶対に守らなければいけない対象がいて、なおかつ自分も殺されてはならないという厳しい任務となる。一般の部隊は、ある地域を奪還して結果的にそこにいる人を救出するという訓練はやるが、ゲリラ等が人質として閉じ込められている人を救出するというのは相当困難な任務なのである。

隊員は一般の部隊から希望するレンジャー資格のある隊員を募り、資格検査をして、養成訓練を経て、絞りに絞って数少ない隊員だけが選ばれるのだが、残れるのはほんの一握りだ。技術はあっても精神力で残れないとか、その逆もある。イメージするのは筋骨隆々で技術も高い人間かもしれないがそれだけではない。作戦にはいろんな作戦があり、それぞれに必要な能力も異なるので、例えば語学とか、コンピュータとか一芸に秀でた人間もいる。最低限要求されるレベルがとんでもなく高い上に、さらにスペシャルな部分も要求される、文字通りのスペシャリスト集団だと言えるだろう。

なお、ＣＲＦは陸上総隊の新編と同時に廃止され、隷下部隊は陸上総隊に編入されている。

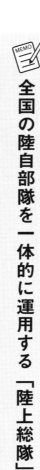

全国の陸自部隊を一体的に運用する「陸上総隊」

陸上自衛隊は2018（平成30）年3月27日、全国の陸上自衛隊の部隊等を一体的に運用するための組織として、陸上総隊という新たな部隊を編成した。これには、大きく二つの目的がある。

一つ目は、陸上自衛隊の部隊などのより迅速・柔軟な全国運用を可能にすること。例

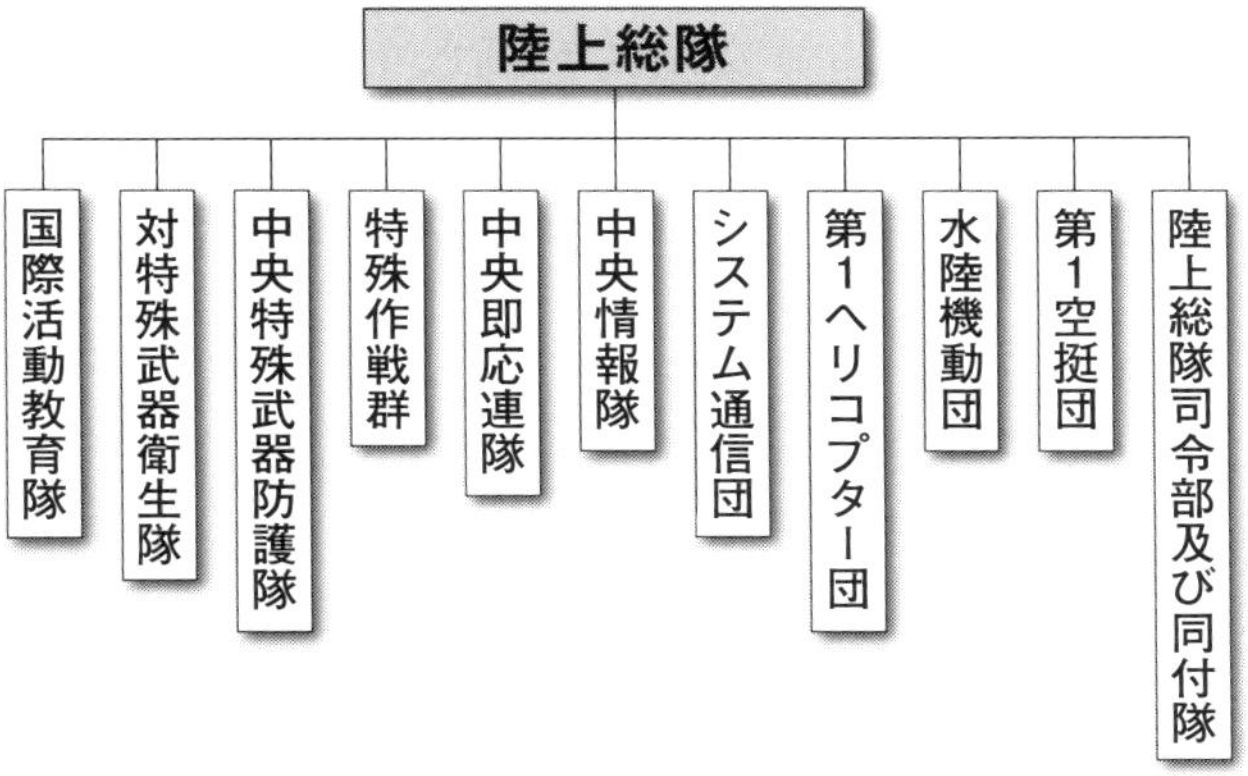

えば大災害が発生した際、これまでは防衛大臣が5名の方面総監にそれぞれ命令を出して部隊を転用していたが、今後は総隊司令官の判断によって、各方面総監に命じて部隊の転用を実施。その分、さらに迅速な対応が可能になった。

二つ目は、海上・航空自衛隊及び米軍などとの効率的・効果的な連携を可能にすること。これまでは、陸上自衛隊5個の方面隊ごとに、海自・空自の部隊や米軍と個別に調整を実施していたが、今後は、陸上総隊が陸上自衛隊を代表して一元的に調整して連携をとることで、より効率的・効果的な連携をとれる体制になった。

陸上総隊は編成後に新しく加わった3個部隊（水陸機動隊、システム通信団、中央情報隊）を含めて上記11個の直轄部隊を指揮している。

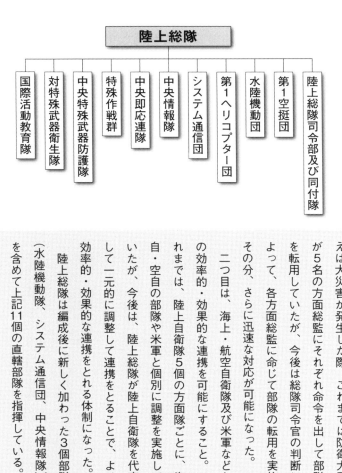

幹部自衛官への道と指揮官の役割

幹部自衛官は、ざっくりいうと部隊や幕などでの勤務と学校教育のふたつを繰り返しながら、スキルをアップしていく。その最初となる幹部候補生学校では幹部になるための訓練と組長や班長としての指揮要領を身につける。その後初めて部隊に行き、半年後[※①]くらいにBOC[※②]に約8、9か月間入校して小部隊の指揮官としての部隊指揮、管理者としての訓練の管理、安全管理等の能力を身につける教育を受ける。そこから先は私の例でご説明していこう。

小隊長として父親くらいの隊員を指揮

私がBOCを終えて小隊長になったのは、最初に書いた通り北海道の北部に位置する

※①…防衛大学校や一般大学の卒業生から幹部になる場合。
※②…幹部初級課程＝Basic Officer's Course

名寄・小隊長のとき、師団スキー大会に選手で。左から３番めの赤い鉄帽が筆者。

名寄駐屯地の第3普通科連隊だ。小隊は約30名で、親父くらいの歳の古参の小隊陸曹、ちょっと年上の元気者の班長などがいた。ちなみに小隊長はまだ指揮官ではなく、映画の「プラトーン・リーダー」[※③]の役割である。

小隊長としての心構えは３つの面があった。まず北の部隊の基本であるスキーなどの各個動作ができていないのでそれを教わる立場の時だ。

スキーはクロスカントリーをイメージしてもらえればいいが、グラウンドにトラックのようなコースがあって、そこをぐるぐる回る。最初の頃はまだ遅いので、陸曹からストックでケツをつつかれ、

※③…ベトナム戦争を舞台にしたアメリカの戦争映画。1988年公開。

河井3尉もうちょっと腕振って、みたいな感じで指導を受ける。いつかは追い越せるようになってやるからなと思いつつも、教官が陸曹だろうが陸士だろうが、先生なので謙虚に教えてもらう。ここは結構大事で、それで仲良くなれるのである。おれの方が階級は上だと変にプライドが高いと隊員の心もついてこなくなるのだ。

反対に、スキーの教官である陸士の中には陸曹候補生を受ける隊員がいるので、指導者として課業外は国語、算数、理科、社会といった一般教養を教えていた。

小隊長として訓練に参加している時は、常に現場の状況を見て回った。特に防御の時は30名くらいの隊員があちこちに散らばって穴を掘って防御態勢を作っている。その進捗状況や問題点を把握するためには小隊長はものすごく動き回る必要がある。中隊長からどういう状況だ？　と聞かれて、よくわかりませんとは言えないので、いくつもある熊笹《くまざさ》におおわれた尾根を登ったり降りたりしながら隊員がいる場所を30か所も回るのはなかなかきついものがあった。

教わる立場、指導する立場、小隊長役、この3つは完全に分けていた。教わるときは素直に「はい」と答え、小隊長のときは年上だろうが命令口調で命じて、その役割を演じる、仕事が終わって遊ぶときはベロベロになるまで飲む、それで信頼関係が生まれたと思う。オフでも気持ちの中に階級章をつけていると、隊員は何も話してくれない。話す内容といったら、どこの組織でもだいたい上司の悪口と相場は決まっていると思うが、隊員が本音を話してくれれば、自分が上になったときに、こう言ったらこう思うのだろうなあ、という想像力にもつながった。

高級幹部自衛官への登竜門・CGS

小隊長は3年くらい経験し、その後は運用訓練幹部となり、階級も2尉となって、次はAOC[※③]に入校する。入校期間は約半年で、ここでは中隊等の指揮官等として必要な基礎的な知識や技能を修得する。その後階級が1尉へと上がり、部隊勤務をしながらCGSの1次試験に合格することができた。

CGSについて簡単に説明すると、ここでは大部隊の指揮官・高級幕僚としてのノウハウや、連隊規模の部隊運用に必要な統率力・判断力などを修得する。この課程を修了しなければ連隊長以上の指揮官や高級幕僚等高級幹部への道は極めて限られることになるので、多くの幹部自衛官にとって最大の目標であり、難関である。教育期間は約2年

※③…Advance Officer's Course＝幹部上級課程。

と長く、試験は年1回で、受験回数は4回まで。私は2回目で合格することができた。

実は名寄の部隊は忙しかったせいか、当時は何年もCGSの合格者が出ていなかった。そこで上級部隊の第2師団幕僚長が、名寄にいたら2次試験は合格しないだろうと引っ張ってくれて、第2師団司令部に異動することになった。配属はコンピュータ整備室である。ここは以前、テレビなどでもおなじみの志方俊之※④さんが師団長だった時代に、これからはコンピュータを使ったシミュレーションができなければだめだと、全国に先駆けて作った部署だった。じゃあ私が室長か？　と思ったら、室長は肩書きが偉そうだと係長に落ち着いた。

ここでちょっと話は脇道にそれるが、そこでは自分の理系の知識が直接役に立って面白かった。私が考えたのは、土地の上のある地点に立ったらどこまで見えるか（どこが射てるかともいえる）、どこが死角で見えないか、そういう視射界図が自動的に描けないか、ということだった。要は地図に見えない地域を表示させるソフトだ。これなら作戦を立てる時にも役立つはずである。さっそく国土地理院からもらっていた地図データを使って、プログラミングする陸曹に理屈（数式）を教えて、グラフィックの担当者の2人に作業を依頼した。ところが部下もそれが面白かったのか、徹夜でやるのである。

※④…元陸将。第20代北部方面総監。退官後は帝京大学教授、東京都災害対策担当参与、防衛大臣補佐官など。

そうなると上司である自分も帰るわけにいかないので隣の部屋で待機である。出来上がったものは中央の目に留まって、幹部学校でも使われていたと記憶している。

話を戻すと、CGSの2次試験にも無事に合格し、名寄で約7年半、旭川（第2師団）で約半年、計約8年に及んだ北海道生活に別れを告げ、初めての都会生活（市谷）がスタートする。

CGSは受験する時も戦術、戦史、語学、服務、教育訓練、国際情勢、面接、体力検定など試験項目が多岐にわたって大変だったが、入ってからが、またものすごく勉強する。何しろ小隊長のときは中隊、中隊の運用訓練幹部のときは連隊までしか見ていなかった、というより見えていなかったのが、ここでは師団ではなく方面の作戦、さらには安全保障や国家戦略なども学ぶ。一言で言えば視野が広がり、引き出しが増える感覚だろうか。それは部隊勤務とはまったく違うアカデミックなものだった。

約200名を率いる中隊長に

2年間のCGSを修了すると、次は同じく2年間の富士学校の教官を経て、中隊長を

中隊長時代、訓練後のワンシーン。前列左から９人目が筆者。

拝命することになった。部隊は三重県の久居駐屯地に駐屯する第33普通科連隊第３中隊である。

中隊長は、直接部下に目の届く部隊規模で一番大きいものと言える。だから顔が見える統率ができるのである。中隊長は英語で言うとカンパニー・コマンダーで、このポジションで初めて150名規模の隊員の指揮・統率を経験することになる。

まずは自分で年間目標を立てる。中隊長は人事権も持っているので、それも含めて隊員のやる気を引き出す。そして教育訓練はもちろんだが、服務指導との両輪でより強い部隊に仕上げ、目標達成に導く。指揮官は統率方針と要望事項を掲げるのだが、統率方針は「連隊一の中隊」、要望事項は「一歩前進」だったと思う。「連隊一の中隊」というのは、隣の中隊長が同期だったので、そこには負けたくないという思いからだった。私もほかの自衛官と同じく負けず嫌いなのである。また第33普通科連隊3中隊に引っ掛けて、333はフィーバーじゃないかと、〝燃えろフィーバー中隊〟と名付けて隊員を盛り上げたものである。

陸軍の国際セミナーの調整役に抜擢

中隊長を終えた後は中央勤務が続くことになる。中央勤務は自衛官以外の人間関係も広がるので、そういう意味では非常に刺激があった。

印象に残るのは長官官房広報課だ。この部署は防衛庁の中にあるので、陸自から防衛庁への出向という形になる。私はその中の企画というセクションにいて政府広報などを担当した。当時はまだ防衛庁で、総理府の外局という位置付けだったので、政府広報の枠取りなどで毎月内閣府の調整会議に出席していた。そこには防衛庁と書かれたプレートがあり、そこに一人で座ると庁の代表のような気分になったものである。また広報という仕事の性格上、ほかの省庁や、マスコミなど民間の方との接触も多く、陸自しか知らない身にとっては新鮮な経験だった。

その次の仕事は、PAMS※⑤事務局である。PAMSとはアジア太平洋諸国約40か国の陸軍大佐等が参加し、その時々の討議トピックについて意見交換する大規模な国際セミナーである。これは米国と参加国の持ち回り共催となっており、私がいた時は日本では初めての開催だった。

私は英語があまり得意ではなかったので、上司の班長に、私でいいのでしょうかと言うと、大丈夫だ、お前には英語のスペシャリストをつけてやると。その人は先輩で、英語とともにプロトコール（国際儀礼）のスペシャリストでもあったので、それはもう厳しく指導された。

私は開催前年に陸幕の研究課に入って予算要求資料の作成から始めた。スタッフは、最初は私ともう1人の2人だけ。それから6人くらいの事務局に立ち上げて、3か月前くらいに数十人に膨らませていった。

米軍との調整は大変だった。ひとつは時差、もうひとつは予算である。向こうもこっちも予算は節約したい。しかし日米同盟があるので仲良くやっていくのも大事な要素で

※⑤…Pacific Armies Management Seminar＝太平洋地域陸軍管理セミナー。

2000年に日本で開催されたPAMSでは米軍との調整役を務めた（右が筆者）。

ある。だから仲良くしつつ、いかに米軍に経費を分担してもらうかというビジネスライクな交渉もしなければならない。そもそも、それまでは予算の交渉などやったことがないので、これも得難い経験だった。

実際にセミナーが始まる前の数日間は、どこどこの国が来ていないとかトラブルが発生したなどの変な夢をみた。知らず知らずのうちにすごいプレッシャーを感じていたのだろう。

第16普通科連隊の連隊長に

ＰＡＭＳ事務局の後は、陸幕援護業務課総括班を経て幹部高級課程、ＡＧＳに入校

第16普通科連隊長時代、第16戦闘団長として戦闘団検閲受閲を指揮（前列中央が筆者）

する。ここでは高級指揮官・幕僚となるための教育を受ける。

入校を終えると東部方面隊[※⑥]総監部の防衛部防衛課長となった。防衛部には課長が防衛課長と訓練課長と2人いて、防衛課長は総監部の筆頭課長で主に運用を担当する。この時は新潟県中越地震があったが、そのことは後に記そう。

連隊長になったのは2006（平成18）年8月。部隊は長崎県の大村駐屯地にある第16普通科連隊[※⑦]である。この時は大村駐屯地司令も兼ねていた。

この頃は中国の海洋進出が活発になるなど東アジアの安全保障環境が変化しはじめ、防衛大綱（04大綱）に「島嶼《とうしょ》

※⑥…方面隊のひとつ。首都圏を含む東部方面区（関東・甲信越地方と静岡県の１都10県）の防衛警備を担当。方面総監部は埼玉県の朝霞駐屯地に所在。
※⑦…連隊の人員は約1000名。

部に対する侵略への対応」が防衛力の役割と明記されるなど、それまでの北方重視から、新たな正面として南西方面を強化しだした時期でもあった。第16普通科連隊はその最前線に位置し、本土最西端の長崎県（対馬市を除く）を担当隊区とする部隊だ。また長崎県は島嶼部を多数抱え、海岸線の総延長も非常に長い。

そうした地理的特徴のある部隊なので、特に意識したのは空中機動だ。幹部の現地訓練では方面にお願いして大型ヘリを出してもらい、五島列島まで高機動車を搭載していったこともある。この時は自衛隊がヘリでやってきたと、現地では結構な数の取材を受けた。リペリング※⑧も普通はレンジャーしかやらないが、各中隊、女性を含めたほぼ全員にやらせた。

第16普通科連隊には4個普通科中隊があり、中隊ごとに訓練するのだが、連隊長は災害とか防衛とか平素予想される任務を意識しながら中隊それぞれに重視すべき項目を示す必要がある。これが組織化である。

連隊長としてのもうひとつの役割は、2年に1回師団長から受ける訓練検閲に向けての準備だ。この訓練検閲でうちはどういう戦い方をアピールするか、自分なりに作戦を考える。その作戦を成功させるために、1中隊にはこういう戦い方、2中隊にはこうい

※⑧…ホバリング中のヘリコプターからロープを使って降りる方法。

う戦い方をしてほしいというところを年度始めに示すと、各中隊もそれに向かってモチベーションを持ってやってくれる。そして連隊長は毎年各中隊を検閲する。その中隊検閲で私が思っている戦い方をしてくれるかを確認する。だめだったらやり直し。そういうことを考えながら、部隊全体を錬成していくのが連隊長のやりがいである。その際に重要で、かつ難しいのは徹底することである。

もちろん失敗もあった。連隊からＦＴＣに訓練に行った中隊が、敵の砲弾が近くに着弾したときの隠れ方や身の守り方を学んできた。また他にも多くの実戦的な教訓を持ち帰ってくれた。それを全員に教えるために、師団検閲の前に展示部隊を作ろうとしたことがあった。それを駐屯地の朝礼後に全員に見せるつもりだった。そのために図で描いて説明し、１小隊はこういう展示、２小隊はこういう展示と指示して教えたつもりだった。

後日、中隊長ができましたので見てくださいとやって来た。ところが全然私のイメージと違っていた。そのときは自分の表現力の限界を感じるとともに、やはりやって見せないとだめだなと。山本五十六の言葉で「やってみせ、言って聞かせて、させてみせ、ほめてやらねば、人は動かじ」というのがあるが、上官の心得として、けだし名言だと痛感させられた。現場で展示要員を直接指導し、その後、展示部隊は私のイメージを他の隊員にも見せつけてくれた。

部隊の即応力を高める

連隊長としての要望事項は「即応力を高める」だった。地域の方から見れば何かあった時、特に災害時は即応力がわれわれへの評価や理解に直結する。

そのために、不意打ちの非常呼集をよく実施した。例えば大地震での災害派遣を想定して、夜中に駐屯地中の電気を停電にしてくれと業務隊長にお願いして非常呼集をかける。みんな集まって暗闇の中で出動態勢が整うと、第1陣は何々地域に向けて前進、と出発させる。次はその途中に情報を入れて、どこどこの橋が通れない、だから何々地域に目標を変更すると、移動しながら行進経路を変えていく。また道路が使えない時は師団のヘリコプター部隊にお願いしてバイクを空輸するなど、実戦的な訓練になるように工夫していた。

また信頼を失墜しないためにも規律の維持を含めた服務指導も重要である。預かる部隊が大きくなればなるほど何かしら起きるもので、その責任を問われるのは各級指揮官

大村駐屯地司令官として武官団研修の受け入れ支援（前列左から５番めが筆者）

であるが、それを統率する連隊長の責任も重い。

私は悪い知らせほど早く言ってくれ、そしてこれ報告しようかな、どうしようかなと迷ったときは、必ず報告しろと指導していた。そのために自分がいるのだと。実際は、だいたい6割はどうでもいいなあ、という報告だったが、必ずありがとうと言う。その報告はいらないね、とは絶対に言わない。それを言ってしまうと、本当に大事な報告がなされないことにもなりかねないし、後手になってしまうおそれがあるからだ。連隊長という立場だといろんな情報が入ってくるので、現場の判断で小さな問題と思っても、その問題はほかにも影響が出るなといった判断もできる。

自衛隊の指揮官は怖いと思われているかもしれないが、悪い報告を受けたときでも怒鳴ることはまずない（もちろん違う人もいる）。冷静にまず何をしなければならないかを考える。そして原因を突き詰めていくと何かしらの理由がある。それを教訓として後に生かしていくのも指揮官の役割のひとつである。

幹部自衛官は、異動が多く1年から2年に1回の割合で職場が変わっていく。私の場合もあらためて数えてみたら、30数年の自衛官人生で20回近く異動している。もちろん勤務地は全国なので、当然単身赴任も多くなる。そのため、単身赴任を予期し、前もって月一回の男の料理教室にも通い（これは楽しかった）、今では料理はお手のものである。

私は防大で演劇部にも入っていた。もともと演劇を観るのが好きだったのもあるし、演じることで自分とは違う人になれることにも興味があったからだ。また小隊長時代には、部隊の指揮官はオーケストラの指揮者と同じだと大先輩が書いた本を読んだことがあった。

部隊には一人一人、個性や能力を持った隊員がいる。それを引き出すために、オーケストラの指揮者のように指揮官という役を演じていた部分もある。

陸上自衛隊の装備の特徴

装備品は防衛大綱、中期防※①で5年先、10年先を見据えて整備される。つまり将来の脅威をどう予測するかということだ。

装備品の性能に関しては、私は装備品の開発に携わったことはないが、ユーザーとしては国産※②のものは非常に優れているものが多いと思う。数の問題は別として。

装備品のバランスという点では、再三書いているように米軍との共同作戦が基軸にあるため、日本単独で戦うという発想はない。重心※③の戦力がないから、やはり同盟国であるアメリカの後ろ盾がないと厳しい。

自衛隊の装備体系は、脅威の幅が非常に広がっていながらも、専守防衛という考えのなかで整備しなければならないので、いきおい受け身にならざるを得ない。もちろん、北朝鮮のように通常兵器には目をつぶって核やミサイルに特化するというようなスタイ

※①…防衛大綱は「防衛計画の大綱」の略称で、日本の防衛力のあり方、具体的な整備目標などについての基本方針。中期防は中期防衛力整備計画の略称で、防衛大綱に基づいて定めた５年ごとの具体的な政策や装備調達量。
※②…装備品は国内生産、ライセンス生産、輸入の３つがあり、陸自では戦車や車両など国内生産が比較的多い。

陸上自衛隊が誇る10式戦車も国産の装備だ（写真：陸上自衛隊）

ルは日本にはなじまない。

　結局、何をもって敵を制圧するかといったら最終的には火力[※④]である。

　火力を担う特科部隊は、私が入隊して10年くらいの時期に火力打撃構想というのがあって、かなりもてはやされたが、冷戦終結で大規模な着上陸の可能性が低くなると縮小されることになった。しかしその後に浮上した島嶼防衛やゲリラ・特殊部隊対策といった新たな脅威に対応するために、機動力を持った火力の重要性がクローズアップされてきている。

　また、島嶼防衛を担うために新編された水陸機動団[※⑤]の能力は今まで欠けていた部分だ。今後は水陸機動団という特定の部隊だ

※③…この場合は同盟国である米軍の攻撃力。
※④…戦闘時の重要な戦力のひとつ。火器やロケット弾などで、遠隔地から敵を攻撃する能力全般。
※⑤…水陸両用作戦を行う自衛隊初の部隊。水陸両用車などを装備し、長崎県佐世保市の相浦駐屯地などに置かれる。

島嶼防衛のために新編された水陸機動団（写真：陸上自衛隊のFacebookより）

けでなく、一般の部隊でもある程度の水陸両用作戦の能力を高めていくのも必要なのかなと感じている。なぜこういった部隊が必要なのかといえば、日本周辺の地図を逆にしてみるとよくわかる。ユーラシア大陸の側に立ってみると、日本は太平洋に進出する際に、非常に邪魔な存在なのである。

陸上自衛隊の装備を特徴づけているのは、あくまでも国内戦を想定しているということだ。それに現在打ち出されている「統合機動防衛力」を考え合わせると、今後の装備の姿も見えてくる。

まず統合という部分で言えば、システム化による情報共有である。これにより戦闘は集中して短時間で行えるはずであり、さらに少人数での運用が可能になって省力化も進むだろう。

機動力という部分では輸送である。特に離島防衛では輸送手段は海か空からしかない。従って、正面に必要な人員や装備を迅速に展開するには、輸送力を高めることが不可欠になる。最近導入された、装輪車両に大口径の主砲を備えた16式戦闘機動車、輸送力・機動力が従来機に比べて非常に高いオスプレイの導入などはその一例と言えるだろう。

MEMO

自衛隊の装備品の特徴

日本の防衛の基本方針である「専守防衛」は、軍事戦略としてだけでなく、装備品にもその特徴が表れている。

まず攻撃的軍事力の保持を自ら制約しており、もっぱら他国に打撃を与える戦力である大陸間弾道弾、戦略爆撃機、攻撃型空母は保持していない。

防衛力の整備も、航空戦力は迎撃戦闘機が中心であり、海上戦力も対潜水艦能力が中心となってきた。ちなみに、かつては戦闘機に装備されている空中給油機能をわざわざ外し、輸送機にも航続距離に制限をかけるなどしてきた（現在は多くの航空機に空中給油機能を備えている）。

このように、極めて限定的なパワープロジェクション能力しか持たないことが、自衛隊の装備品の構成を特徴づけている。

ただ、最近は長距離巡航ミサイルの導入や、護衛艦「いずも」の軽空母化が検討されているとの報道もあり、専守防衛のなかで、どこまでの「攻撃防御」が認められるかの議論も始まっている。

憲法に自衛隊を明記することへの思い

昨今の憲法改正論議のなかで、ひとつの焦点となっているのが、自衛隊を明記するか否かだ。改正の方向としては、9条1項・2項を維持した上で、自衛隊を憲法に明記するか、9条2項を削除し、自衛隊の目的・性格をより明確化する改正を行う、などあるようだが、今のところ世論は割れているようである。

憲法に自衛隊を明記する意義

結論から言えば、私自身は憲法に自衛隊を明記して欲しいと願っている。

そして自衛隊員の意識が変わると思う。

われわれの存在意義はどこにあるのか、国民から何を期待されているのか。

「事に臨んでは危険を顧みず、身をもって責務の完遂に務め……」という言葉を実際の行動に移すときに、その前提となる立ち位置が非常に大事だと思うのだが、その立ち位置の根本にあるはずの憲法がすごく曖昧なのである。憲法学者の方が、自衛隊は違憲ではないかと言っている状況は、自衛隊員からしたら不安定な状況と言わざるを得ない。

自衛官は政治的な発言はできない立場にあるから言葉に出しては言えないけれど、不安定な立ち位置というのはずっと思っていて、もやもやしていた。今の憲法を何回読んでも、どこを読んでもどんな役割が期待されているという文言はない。

私自身は戦力を保持しないとかするとかという話ではなく、国民が自衛隊に何を期待しているか明確になる形にしてもらいたいなと思う。防衛力というものをどう考えているのかわかる形にしてほしい。

憲法9条があったから平和なのか？

憲法に自衛隊を明記すること、あるいは自衛隊そのものに反対する人は、憲法9条があったから平和なんだ、という方もいらっしゃると思う。

自衛官候補生の入隊式。彼らが力を出し切れる組織であってほしい（写真：陸上自衛隊）

一般の国民からみた自衛隊の存在意義は、実戦を経験していないのでその部分での評価はゼロだ。

戦いに備えた訓練は、いくら立派な訓練をやっても、それはなかなか国民には伝わらない。わかりやすいところでは、災害派遣や国際協力での活動に対する評価が主たるものなのだろう。

しかし安全保障はいろんな分野があって総合的に成り立っている。まず外交や経済分野（これには賛否あるが）がある。もちろん憲法9条もある。そして自衛隊がいて、日米安保があって、練度を維持して、装備も更新してきたことで抑止力となってきたことも大きな要素だと思う。だから憲法9

条があったから今日の平和は保たれてきた、という特化した考えには現場からするとちょっと違和感がある。だとしたら、自衛隊の存在も、その要素のひとつであることは認めてもらってもいいのではないか。自衛隊に対する国民の期待を読み取れるような形にしてほしい。そこがいざとなった時に命をかけて戦う大多数の自衛官の希望であろう。

私の大先輩にあたる防衛大学校創設期の方々は、世間から憲法違反だ、税金泥棒だと心ない言葉をかけられ、肩身の狭い思いをしてきたと聞く。

今なお自衛隊は憲法違反だという方は、自衛隊は不要ということなのだろうか。それは合理性で考えればわかることだと思う。

私は、自衛隊は憲法違反とだけは言われたくない。憲法に違反するということは、われわれの存在を否定することである。

今では自衛隊の存在は、先輩方から続く真摯な努力の積み重ねによって、やっと大多数の国民から理解を得られるようになった。平和安全法制もその流れのなかで成立した国民の期待の表れだと考えている。そんな今だからこそ、自衛隊の存在を憲法で認めていただき、後輩たちが誇りを持って勤務できるようになることを切に願っている。

【第三章】

日米同盟の真実

国防体制の基軸となっている日米同盟。ではその意義はどこにあるのか、有事に際しての日米の役割とは何なのか、米軍と自衛隊はどう違うのか、共同訓練などの交流を通じて知った真実の日米同盟とは？

積み重ねられた自衛隊と米軍の信頼

私が入隊した頃は、日米間が経済摩擦[※①]でギクシャクしていた時代だった。そのような状況下でも感じたのは、日米同盟に対する信頼の厚さだった。YS[※②]もFTX[※③]もずっと続いているし、自衛隊と米軍の関係が壊れたことは一度もないのではないだろうか。自衛隊と米軍を比較すると、もちろん戦力は米軍が圧倒的だが、自衛隊員は器用なので、そういう点では一目置いてくれていた。ただ、彼らはもちろんプライドを持っているので、折れないところは折れない。そういう関係性なのだと思う。

現場で感じた米軍との違い

私が初めて米軍[※④]との共同訓練を経験したのは名寄の第3連隊時代のFTXだった。

※①…1960年代後半から米国の対日貿易が恒常的に赤字になったことから生じた政治的軋轢。日米経済戦争とも呼ばれた。
※②…方面総監部師団・旅団司令部レベルの日米共同方面隊指揮所演習。YSとは「YAMA SAKURA」のYとSをとった略称。

米軍と陸上自衛隊との共同訓練の様子(写真:陸上自衛隊)

ちょうど3連隊が実動訓練担当で、その基礎訓練を担当する中隊の訓練幹部の代行という立場だった。カウンターパートは副中隊長兼訓練幹部である。

まず最初に感じたのは、米軍は士官と下士官に想像以上のギャップがあるということだ。もちろん自衛隊にも幹部と曹士の差はあるが、それでも上官は部下の名前を覚えるし、普段から会話をし、オフの時には酒も飲む。しかし米軍は完全な縦社会なのか、連携が取れていないのである。

ある訓練項目で、米軍の副中隊長に明日8時にグラウンドに集合、その後どこどこでスキー訓練、そこから移動して射撃訓練と伝えても、翌日8時に誰も来ないことが

※③…普通科連隊基幹の実働訓練。FTX＝Field Training Exercise。
※④…平成28年度の主な日米共同訓練は、陸海空が参加した大規模な統合訓練が1回、陸自が9回、海自が7回、空自が8回行なっている。

あった。訓練部隊に正確に伝わっていなかったのだ。

また、師団長が訓練の視察に来る時は、何時にここに到着するからそれに合わせて訓練しようと事前に調整していたはずが、勝手にどんどん行こうとする。まだ師団長が着いていないからここで待っておいてくれと言うと、何でだ？　と。スリースターが来ると言ったじゃないか、と言うと、それならわかったと、やっと止まってくれた。とにかく事前の調整だけでなく、現場の調整も必要であった。

シンプルだった米軍の作戦

米軍は細かな指示は徹底できていないようだったが、その反面、兵士の基礎動作はむちゃくちゃ徹底されている。伏せろと言われればすぐに伏せる。自衛隊は伏せろと言われても、ちょっと高いところだと低いところに移動して伏せる。いろんな意味で違いを感じた初めての共同訓練だった。

やはり彼らは実戦経験をしている部隊なので大変勉強になった。われわれの戦力は限られているし、隊員の理解度も高いので、いきおい作戦は複雑になる。われわれも頭を使って創意工夫して作戦を立て、複雑なことをやらせながら場所とタイミングを合わせて攻撃する、もしくは守る。それに対して米軍の作戦はものすごくシンプルだ。しかし力で押せる部隊はこれでいいのかなと。戦いはシンプルな方がいいに決まっている。しかし、シンプルにしすぎると手の内を読まれてしまうので、そこはさじ加減ということになる。うちの部隊はどこまでできるか、そこを見誤ってしまうと混乱して指揮官の思い通りにならない。

自衛隊は自衛隊なりに訓練を積み重ねてきており、日米の共同訓練でお互いの能力や、できること、できないことを確認する。それは単に戦力だけではなく、装備体系や技術なども含まれていると思う。

MEMO

日米同盟の根幹、日米安全保障条約とは？

日米同盟の根幹を成すのが、日米安保条約である。この条約はどのような経緯で生まれ、また、どのような内容なのだろうか。ここで簡単に整理しておこう。

日米安保条約は、1951（昭和26）年9月8日に締結されたのが最初。前文と5条からなり、講和による占領軍撤退後も、日本の安全を保障するため、引き続き米軍が日本に駐留することを定めている（旧日米安保条約）。この条約では米国の日本防衛義務が不明確であったことなどから、日本が旧安保条約の改定を提起。その後の交渉を経て、1960（昭和35）年1月19日に現在の日米安保条約が締結された。

正式名称は「日本国とアメリカ合衆国との間の相互協力及び安全保障条約」といい、前文と10条からなる。前文では「集団的自衛権」に言及し、米国の日本防衛義務が明確化されたほか、米軍の行動に関する両国政府の事前協議の枠組みが設けられ、両国の政治的・経済的協力の促進も規定された。在日米軍の地位は、日米地位協定に定めた。

日米安保条約に関しては、片務条約という指摘があるが、日米それぞれの立場で異なる。日本の立場では日米地位協定が不平等、在日米軍駐留経費負担（思いやり予算）の負担額が大きいなどの理由があるが、米国の立場からすると日本が米国の防衛義務を負わないなどの見方もある。また在日米軍基地は、米国の世界戦略の重要拠点であるという点を含めて、総合的に見れば双務的であるという見方もできる。

日米同盟における両国の役割

自衛隊は第一線で戦う時、限られた戦力の中でどう戦うかというと、効率よく戦うしかない。その基本線は今も変わらない。

他方米軍は、兵員・兵器・兵站といった戦闘力を次々と第一線に送り出す力がある。自衛隊が敵の侵攻を食い止め、あとは米軍の力で押してくれ。大まかに言うと、それが自衛隊と米軍との関係であり、日米同盟で機能している部分なのだと思う。

よく日米同盟の是非についての議論があるが、日米同盟とは、という前に、日本の防衛とは、ということを考えたときに、日本の防衛体制は独自の戦力を整備し、日米同盟を基軸とすることが前提だということは防大時代から教わるし、隊員にも教えている。

日米同盟に反対する人は、なぜ同盟関係が必要なのか、あるいは日本独自で防衛できないのかという意見になる。ここは大きく分かれる部分だろうが、実は左の人も右の人

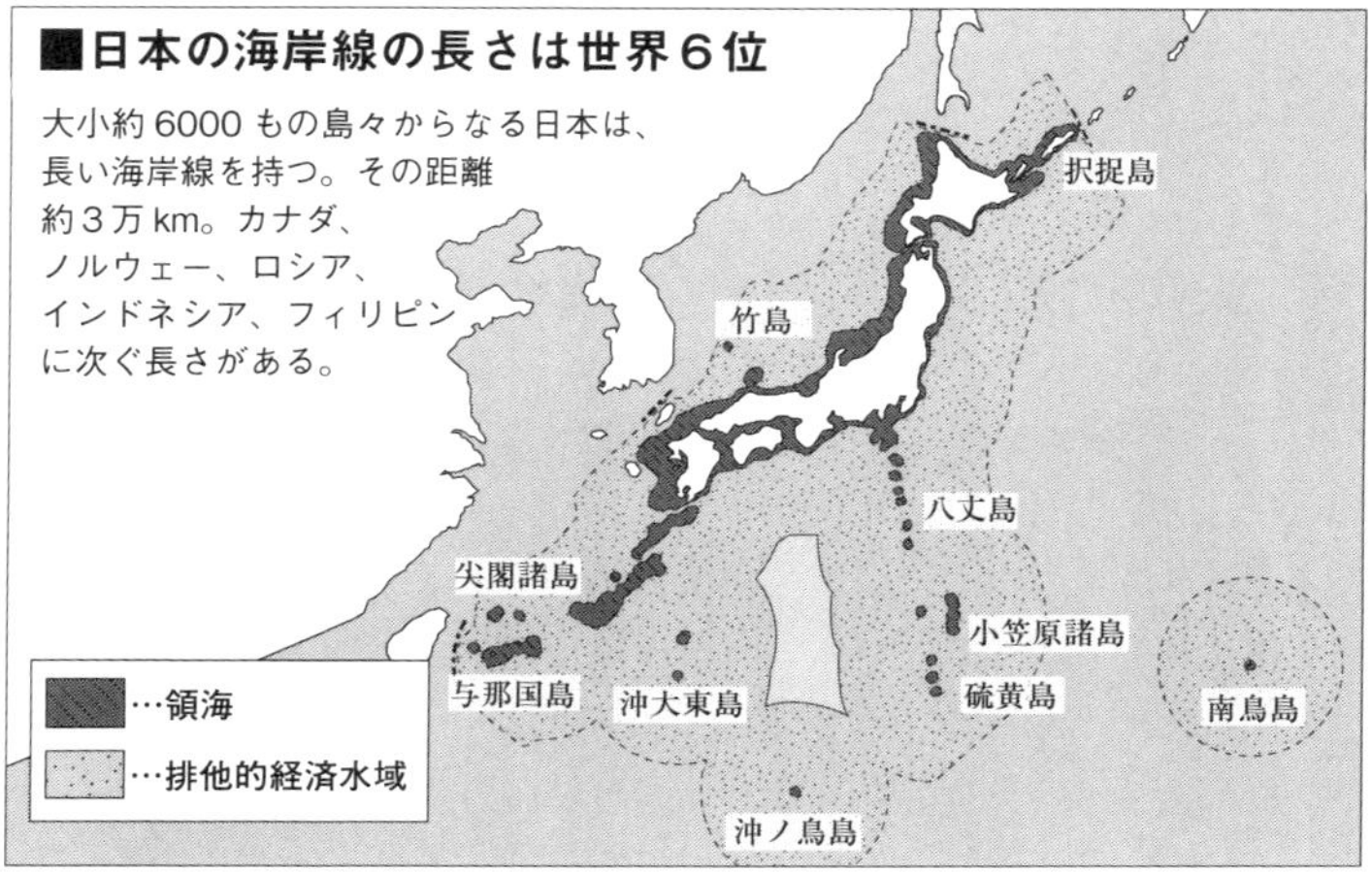
■日本の海岸線の長さは世界６位
大小約 6000 もの島々からなる日本は、長い海岸線を持つ。その距離約３万 km。カナダ、ノルウェー、ロシア、インドネシア、フィリピンに次ぐ長さがある。
択捉島
竹島
八丈島
尖閣諸島
小笠原諸島
与那国島
沖大東島
硫黄島
南鳥島
沖ノ鳥島
…領海
…排他的経済水域

もそこでは同じ意見になる。現場にいた元自衛官の立場から言えば、現実的な選択というしかない。今の国際的な安全保障環境をみれば、多国間のつながりのなかの防衛体制というのが、一国のエスカレーションを防止する上でも重要になっている。

さらに現実的なことを言えば、島々を含めたこれだけ広い日本列島を守るためには、米軍という後ろ盾があることが戦略的抑止につながっている。もしそれを放棄したら、それだけの戦力と、それに代わる戦略的な抑止力を持たなければならないことになる。

日本にとっての日米同盟とは国防体制の基軸であり、アメリカにとってはアジア太平洋戦略のひとつという位置付けだ。そこにはお互いのメリットがある。

平時における自衛隊の役割は、東アジアの安定に資する監視活動や情報収集であり、これは米国からも期待されている部分だ。こうした情報は日米で共有し、何か動きがあれば事態がエスカレーションしないように外交をはじめとした手立てを講じ、いざとなれば共に戦う。

そのために必要なのは信頼醸成である。日米共同訓練の際は隊員の家族がホストファミリーとなったり、ホームビジットを行うなど常にフェイス・トゥ・フェイスの交流の場を設けている。単に訓練だけではなく、パーソナルな部分でも相互の理解を深める。これが現在の日米同盟の結びつきの強さを端的に表していると言ってもいいだろう。

MEMO

日米両国の役割や任務など

日米安保条約に基づく防衛協力の具体的なあり方は、「日米防衛協力のための指針」（通称：ガイドライン）に定められている。

初めてのガイドラインは、東西冷戦の深刻化を背景に、１９７８（昭和53）年に策定。内容は日本の有事への対応が中心で、侵略を未然に防止するための態勢、日本に対する武力攻撃に際しての対処行動等、日本以外の極東における事態で日本の安全に重要な影響を与える場合の日米間の協力が定められた。

２度目は冷戦終結後の安全保障環境の変化を踏まえ、１９９７（平成９）年に北朝鮮の核開発や中台危機を念頭に、平素からの協力、周辺事態における協力、日本に対する武力攻撃に際しての対処行動等について定められた。

最も新しいものは２０１５（平成27年）４月に策定され（新ガイドライン）、我が国の平和・安全の確保を「指針」の中核的役割として維持し、そのための協力を充実・強化すること、地域・グローバルや宇宙・サイバーといった同盟の協力の「拡がり」への対応、日米協力の「実効性」を確保するための仕組みを確保することなど、協力の基盤となる取組みを明記している。

集団的自衛権とは何か？

誤解されているのではないかと思うのは、集団的自衛権[※①]は、例えばアメリカ本土が攻撃されているときに自衛隊が行って米軍と一緒に戦う、あるいは支援する、そんなイメージを持っている方もいるのかな、ということだ。今回の限定的な集団的自衛権の行使容認とは、日本の防衛のために戦っている米軍などに対して新3要件を満たした場合に自衛隊が後方支援[※②]などができるということだ。

そもそも日米安保は片務条約だと言われるなかで、日米両国民が納得できるような信頼関係を持ち続けることが重要である。

最初に日米安保の議論がされた頃は、そんなことを自衛隊に求めるのは能力的に無理だったのだろうが、日米共同訓練などを積み重ねることによって、より信頼性を高めてきた。

※①…ある国家が武力攻撃を受けた場合、その国と密接な関係にある他国が協力して共同で防衛を行う権利。国際法で認められた権利だが、日本はこれを行使しないという立場をとってきた。
※②…弾薬提供や兵士の輸送。

■集団的自衛権行使の３要件

① わが国に対する武力攻撃が発生した場合のみならず、わが国と密接な関係にある他国に対する武力攻撃が発生し、これによりわが国の存立が脅かされ、国民の生命、自由及び幸福追求の権利が根底から覆される明白な危険がある場合
② これを排除し、わが国の存立を全うし、国民を守るために他に適当な手段がないとき
③ 必要最小限度の実力を行使する

集団的自衛権を発動するためには、上記の３つの要件をすべて満たす必要がある。

自衛隊としても、法律で縛られて米軍を助けることができないとなると、それは自分たちに返ってくる。また先ほど書いたように、戦力はお互いに協力し、組織化したほうがより能力が高まり、力を発揮できる。

従ってこの法律は、自衛隊と米軍それぞれが別に動くのではなく、一緒になって効率としても効果としてもより高めようという枠組みだと理解している。これもメッセージのひとつであり、抑止力となって安定要因をもたらすのだと思う。

平和安全法制の中で、私はむしろグレーゾーン事態でより有効に自衛隊の能力が発揮できるようになると考えている。今までの平時か有事かの戦い方の概念だけではなく、例

■「集団的自衛権」に関する８事例

政府が与党協議会に提示した事例は次の８事例ある。

1. 邦人輸送中のアメリカ輸送艦の防護

2. 武力攻撃を受けている米艦防護

3. 周辺事態等における強制的な船舶検査

4. 米国に向け日本上空を横切る弾道ミサイル迎撃

5. 弾道ミサイル発射警戒時の米艦防護

6. アメリカ本土が武力攻撃を受け、日本周辺で作戦を行う米艦防護

7. 国際的な機雷掃海活動への参加

8. 民間船舶の国際共同護衛

集団的自衛権発動の対象となり得る事例。あくまで限定的であることがわかる。

えば情報分野では、今は米軍に依存する部分が大きいが、日本は地政学的には物理的にユーラシア大陸に近い。そういう意味では、今後は日本が平時のみならずグレーゾーン事態でも重要な役割を担える可能性もある。

日米同盟が安定していることは、地域の安定に寄与するものである。今後、装備や意識など課題はいろいろあると思うが、今までできなかったことができるようになるわけだから、グレーゾーン事態を含め、より現実的な対応が可能になり、戦争を抑止するための手段としての選択肢が広がると思う。

現代は、国と国が国益をかけて戦う以

前に外交努力があり、さらに抑止力があるので戦争に対しては自制的だ。しかし国があり、異なる宗教や民族がある限り、そこには大なり小なり対立が生まれ、それがやがて戦闘に発展する可能性がある。それらの芽を未然に摘むという意味でも、平和安全法制は戦争を抑止する選択肢や手段をより多くする法律だと考えている。

平和安全法制の是非を考えたときに、自衛隊が様々な危機に対応するために変わることが必要なのであれば、それはある程度の時間がかかる。何も準備していないことが起きて、じゃあ頑張ってください、といきなり言われてもそれは対応できない。

日米同盟を基軸として、変わりつつある国際情勢のなかで地域の安定を維持していくためには何かを変えていかなければならない。平時か有事かのみならず、グレーゾーンのなかで政治と一体化して動いていくのが今の軍事力の役割になってきている。

東アジアの安定と沖縄の基地問題

基地、特に航空機の基地があるということは、事故の危険性、騒音問題、有事の際は攻撃対象となるなどのリスクを抱えている。中でも長年の懸案となっているのが沖縄の米軍基地問題だろう。

国として必要なのはわかっているけれど、自分が住む地域は嫌だ。ではどこでもいいのかというとそうではない。

軍事的な側面から単純化して言えば、基地というのは戦略的なものだから位置的には限られてくる。この位置でないと効果が低いと考えたときに、日米双方にとって効果が高いのは沖縄となるのであろう。では地元には何かメリットはあるのか。

私は、あの周辺の島々を守ることに対して意味はあるのではないかと思っている。本当に米軍がいなくなってしまって大丈夫なのか。そういった、地元にとってプラスにな

■在日米軍施設・区域（専用施設）都道府県別面積（平成30年1月1日現在）

都道府県	面　積	全体面積に占める割合
北海道	4,274,000㎡	1.62%
青森県	23,743,000㎡	9.02%
埼玉県	2,035,000㎡	0.77%
千葉県	2,095,000㎡	0.80%
東京都	13,194,000㎡	5.01%
神奈川県	14,731,000㎡	5.60%
静岡県	1,205,000㎡	0.46%
京都府	35,000㎡	0.01%
広島県	3,538,000㎡	1.34%
山口県	8,669,000㎡	3.29%
福岡県	23,000㎡	0.01%
長崎県	4,686,000㎡	1.78%
沖縄県	184,993,000㎡	70.28%
合　計	**263,222,000㎡**	100.00%

※係数は四捨五入によっているので符号しない場合がある。

る部分はうまく説明しなければならない。

沖縄には戦略的な意味がある。地元の人にも抑止的なメリットがある。しかし当然、住民の危険は除去しなければならない、そういう思考で考えていくと、普天間の移送先は今進めている所なのかなあと思っている。

離島防衛という観点からも米軍が駐留する意味は大きく、戦略的な価値があるということは、相手から見ても戦略的な価値があるということだ。

もしそこに抑止力が効かなく

なれば空白地帯になる。弱いところから攻める、取りやすいところから取るというのは軍事における基本でもある。

沖縄における戦争の歴史、それゆえに沖縄の皆さんが求める平和への強い思いは、私自身も理解しているつもりである。それでも国を守るために沖縄に基地が必要とするならば、常日頃から地元の皆さんの声に耳を傾け、お互いを理解する、また問題があればそれを解決する、こうした不断の努力が必要なのだろう。米軍基地と周辺住民とがウィン - ウィンの関係になることが望まれる。

「トモダチ作戦」の衝撃

このように、日米同盟は基本的に後戻りすることなく、着々と積み重ねられてきたというのが私の実感である。ただ、そうは言っても訓練や日頃の交流の上での話が大部分であった。そして日米同盟の強さをさらに実感できたのは東日本大震災のときの米軍の「トモダチ作戦」※①だった。このとき私は教育機関におり、得られる情報は間接的なものだったが、米軍が支援に協力すると聞いたときも、ありがたいなあ、物資の輸送などで協力してくれるのかあ、程度に想像していた。

しかしフタを開けてみて驚いた。いきなり特殊部隊を投入して、津波の直撃を受けた仙台空港※②を復旧させたのだ。その時、米軍兵士たちの手にはスコップが握られ、土砂がれきを取り除いてくれたのである。その後も次の資料にあるように、可能な限りの支援を実施してくれた。それは信頼関係の積み重ねからだろうし、同時に日米同盟の強さを

※①…Operation Tomodachi。米軍は1万6000名の人員のほか、約20隻の艦艇、約40機の航空機を投入し、事実上の日米安保条約発動と言われた。
※②…米軍は支援物資輸送のハブ空港として仙台空港の復旧を目標とし、空軍特殊部隊や海兵隊を投入して３日間で飛行場機能を回復させた。

世界に向けて発信できた出来事だったと思う。

トモダチ作戦の概要

●被災者の捜索・救助支援

○米軍は、食料約２４６トン、水約８１３１トン及び燃料約１２０トンを提供・輸送

○米海兵隊は、揚陸艦エセックス等による救援物資の輸送を実施（３月27日、エセックス部隊は、大島（気仙沼市）への電源車や燃料の輸送を支援）

○米揚陸艦トゥートゥガが北海道の陸自隊員約２４０名及び車両約１００両を被災地へ輸送

○米空母ロナルド・レーガンの乗員がコート７００着、靴１００足、生活必需品を寄付

●福島原子力発電所事故への災害対処

○原子炉冷却支援

消防車の東京電力への提供（2両）消火ポンプ5台の貸与、放射能防護衣の提供（約100着）真水搭載バージ（2隻）とポンプの貸与（それぞれ海自艦艇及び陸自車両により輸送）ホウ酸の提供（約9トン）

○情報収集・分析（航空機による放射線測定、画像の撮影等）

○専門家の派遣（防衛省統合幕僚監部に3名が常駐）

○米海兵隊・放射能等対処専門部隊（約140名）の派遣

●被災地のインフラ復興支援

○米海兵隊・陸軍等が、仙台空港における民航機運航のための復興支援を実施（米軍機により一部運用）

○米海軍は、サルベージ船を用いて、沈没船引き上げ等の港湾復興作業を実施。また、八戸港や宮古港においても復興支援を実施

○米海兵隊が、気仙沼市大島の瓦礫の除去等を実施

○米海兵隊が、石巻市の小中高校の瓦礫の除去等（学生等との共同作業）を実施

○米陸軍が自衛隊との共同でJR仙石線の復旧作業（ソウル・トレイン作戦）を実施

【第四章】

本来任務となった国際平和協力活動

１９９１年、海自のペルシャ湾派遣に始まった自衛隊の海外任務。その後は法整備も行われ、カンボジアＰＫＯ以降は自衛隊の国際平和協力活動は常態化して、現在では本来任務として位置づけられている。自衛隊の海外派遣はどのようにして実施されるのか、現場はどんなところなのか、その評価や意義はどこにあるのだろうか。

冷戦終結後の自衛隊と海外派遣

１９８９（平成元）年に冷戦が終結すると、世界には平和が訪れるという期待感があったと思う。しかしイデオロギーという大きなたがが外れると、それと時を同じくして国際環境の変化が顕在化しだした。それまで東西の枠組みで抑えられていた民族や宗教の対立である。そうしたなかで浮上した役割が国際環境の改善に寄与する任務、当時の言葉で言えば国際貢献[※①]だった。

海外派遣で直面した新たな問題

陸自にとって最初の海外派遣となったのは１９９２（平成４）年のカンボジアＰＫＯである。カンボジアＰＫＯは、内戦終結後に民主的な選挙で選ばれた議会が憲法を制定

※①…自衛隊の海外派遣当初は国際貢献と言われていたが、後により積極的に関わるという意味で、現在は国際平和協力活動と言う。

カンボジアPKOで、海上自衛隊の輸送船でカンボジアに向かう陸自の先遣隊（写真：防衛省）

し、新政府を樹立するまでの間を国連が統治し、国家再建を担う平和維持活動だった。陸自の派遣部隊の役割は、道路や橋などの補修のほか、UNTAC（国連カンボジア暫定行政機構）に対する補給や輸送などを行うことだった。

そこでまず戸惑ったのは、PKOに出る時に一体何を訓練すればいいのか、ということだ。今までの戦いは国と国、敵と味方が明確に分かれた構図だったが、その前提がぜんぜん違うことになった。今まで重視してきたのは戦闘力をいかに組織化して、決勝点※②に集中させるかということだった。しかしPKOの現場では、いつ、どこで、どういう敵が現れるかわからない。そ

※②…軍事では勝利を握る決戦の時点のこと。

のため、もっとふわふわした戦いになる。どういうことかというと、隊員一人一人、小さい正面でそれぞれが臨機応変に独自判断し対処する能力を高める必要があるのだ。

ということで、訓練はもっと小部隊、もしくは個人に焦点を当てるように変わらなければならなかった。今までの訓練の上に、そういう部分も加えなければならなくなったのである。そこは大きなジレンマだった。だから内部の意見も、個人とか小部隊を強化すべきだという意見と、組織的な戦い方ができる人間は自然とその能力もついてくるんだという意見とに二分された。私はというと、組織化の訓練は得意としていたので後者の方だった。前者の訓練は、はっきり言ってしょぼいと思っていた。個人や小部隊の話なので班長以下でやっとけと、そういう意識があった。でもそれはたぶん私が間違っていたと今でも反省している。

それは、ＰＫＯやイラク派遣に隊員を送り出す時にわかる。そういう現場では、本当に自信を持って任務が遂行できるようなレベルまで個人や小部隊の練度を上げていっているのかということが問われる。私がやっていたように、組織化の訓練のついでみたいにやっていたらそこまでのレベルにいけるのか。たぶんいけない。引き金ひとつ引くだけでもタイミングが遅れる。海外活動ではそちらを重視せざるを得ないのである。

カンボジアでは陸自の施設部隊計1200名が道路や橋の補修作業に従事した(写真:防衛省)

初のPKOとなったカンボジアでは、PKO法の制定に関して国会は大混乱だったが、現場としていちばん関心が高かったのが、やはり武器使用だ。

どういう権限で、どういう状況で武器を使えるのか、使えないのか。しかしまだ当時はきちんと法整備されていなかったので、正当防衛・緊急避難の枠組みぐらいしかなかった。そんなので本当に大丈夫なのか?という思いはあった。

自衛隊が海外に出るのは必然

冷戦後の自衛隊は、世界は平和になるんだから規模を縮小しろ、あるいはいらないんじゃないかという極端な意見や、災害派遣の専門部隊を作ればいいという意見もあった。しかし実際は違った。

自衛隊が海外に出ることは、私としては必然と考えていた。冷戦後の日本の役割を考えた時に、湾岸戦争に象徴されるように、※③国際社会が評価するのはお金だけではないことがはっきりした。やはり汗を流さなければダメなんだということは感じていたし、それができるのは自衛隊しかいない。自衛隊は情報収集、部隊の運用、それを支える兵站などそれぞれ専門分野がいて、自己完結能力を持っている。そういう意味で、ライフラインが期待できない土地や情勢が必ずしも安定しているとはいえない場所に行くことができるのは自衛隊しかない。そうした場所では組織的に動かないと危険でしかないのだ。

２００１（平成13）年の９・11米国同時多発テロは、冷戦終結以降ぽつぽつ出てきた脅威の中の一つだと思う。ただ、それがアメリカ本土に直接、多大な被害を与えたのは衝撃の一言だった。そのときは陸幕にいてテレビで知ったのだが、民間航空機がビルに直撃する映像を目の当たりにして、おい、冗談だろと。しかし、あれはどう対応したらよかったのだろうか。民間人が乗った民間機をハイジャックしたとわかったとしても、果たしてそれをどの時点で撃墜できるのか。

※③…1991年の湾岸戦争で、日本は多国籍軍に総額130億ドルの資金を提供したが、イラクから解放されたクウェート政府が新聞に出した感謝広告の中に日本の名前がなかった。

ただ、9・11を契機に陸自としての戦い方が変わったということはない。テロリスト、あるいは得体の知れない敵という点ではPKOも同じだ。9・11では、それが中東から飛び出していきなり米本土にきたということでは衝撃だったが、かといって何ができるのか。当時の陸自にしてみれば、攻撃対象になる可能性があったので自分たちの警備を強化するぐらいしかなかった。

存在することだけでなく行動して評価される時代に

冷戦が終結した頃から、自衛隊は存在することだけでなく、行動して評価されるようになっていった。行動にはいろいろあるが、それは災害派遣や国際平和協力活動だった。阪神・淡路大震災のときは、はっきり申し上げて神戸市と自衛隊の関係はよくなかったので、日頃の防災訓練も関わっていなかったと聞いた。また出動するための法整備も十分でなかったため、自衛隊の活動が批判にさらされることもあった。しかしそれをきっかけに法整備もされ、災害派遣の仕組みもでき、自治体との連携も強化されたことで、その後の新潟県中越地震、東日本大震災などでの活動で評価されるようになってきたのはご存知の通りだ。

テロや特殊部隊への対処、国際平和協力活動で言えば、私が所属していたＣＲＦは、その役割を担うために２００６（平成18）年に新編された部隊だ。また基盤的防衛力構想に基づいて均一に整備されていた師団も、今は地域の特性や任務によって特性を持った旅団となったりするなど再編が進み、独自の性格付けがなされている。

このように自衛隊は安全保障環境の変化、あるいは国民のニーズに合わせて、常にできるだけ不備なく応えられるように、幾度となく様々な変革を遂げてきているのである。

MEMO

国際平和協力活動とは？

国際平和協力活動とは、国連平和維持活動、人道支援・災害救援等など、国際的な安全保障環境を改善するために国際社会が協力して行う活動をいう。２００７（平成19）年に「我が国の防衛」や、災害派遣など「公共の秩序の維持」といった任務に並ぶ自衛隊の本来任務に位置づけられた。

自衛隊が行う国際平和協力活動は次のような種類がある。

●国連平和維持活動（ＰＫＯ）

世界各地における紛争の解決のために国連が行う活動で、国際平和協力法に基づいて実施。１９９２（平成４）年の国連カンボジア暫定機構に始まり、計14回派遣している。防衛省の執行費は合計約１０５９・３億円（予算ベース含む）。

●国際緊急援助活動等

国際緊急援助隊法に基づいて、開発途上地域における地震・台風・水害などの大規模な自然災害、潜水艇事故、航空機事故、感染症などの対処のため、被災国の政府等からの要請があった場合に外務大臣と防衛大臣の協議に基づいて実施。１９９８（平成10）年のホンジュラス国際緊急援助活動（ハリケーン災害）に始まり、これまでに19回派遣。

●各種特別措置法などに基づく活動

特措法に基づく活動は、イラク戦争終結後の旧イラク特措法に基づくイラク復興人道支援、旧テロ特措法及び旧補給支援特措法に基づくインド洋での補給支援を実施。防衛省の執行費は合計約１６８６億円。

●ソマリア沖・アデン湾における海賊対処行動

２００９（平成21）年７月に施行された海賊対処法に基づき、派遣海賊対処行動水上部隊（護衛艦２隻）を派遣し、この海域を通行する船舶の護衛を実施するとともに、広大な海域における海賊対処をより効果的に行うため、派遣海賊対処行動航空隊（固定翼哨戒機２機）を現地（ジブチ共和国）に派遣して海賊の監視警戒を実施。２０１１（平成23年）年６月からは、派遣海賊対処行動航空隊を効率的かつ効果的に運用するため、ジブチ国際空港北西地区に活動拠点を整備し運用している。

自衛隊が国際平和協力活動を行う意義とは

ＰＫＯ、特に南スーダン派遣では、そんなところになぜ自衛隊がいくのかという意見もあったが、国が安定していないところに国連が行き、治安の維持を図りつつ国の整備をしていく活動に参加することは、国際社会の安定に貢献するという意味では意義のあることだと思う。こうした活動はすぐに成果が出たり、国益に直接つながるものではないかも知れないが、やはり関わり続けることが国際社会の一員としては必要ではないだろうか。

日本の影響力がアフリカの地でもあるなと思ったのは、やはり自動車だ。ほとんどの車が日本車だった。普通の乗用車はもちろん、どうやって輸出されたのか日本の会社名や幼稚園の名前が入ったままの中古のダンプやマイクロバスなども結構走っていた。地元の人の話では、日本車は故障が少なく整備環境もよいからだろうとのことで、何か誇らしかった。

日本は世界の国々と交流し、貿易を行っている。国際社会が安定化すれば、貿易に依存している日本の経済や生活もより安定したものになる。自衛隊もそれを信じて活動している。

国際平和協力活動はどう実施される？

国内外を問わず、自衛隊が活動するにはすべて法的な根拠が必要になる。

そのなかで国際平和協力活動は、恒久法である国際平和協力法（国連ＰＫＯ）、海外の大規模な災害に対応する国際緊急援助隊法、ソマリア沖やアデン湾の海賊に対処する海賊対処法などがそれにあたる。イラク復興支援や、イラク戦争後のインド洋補給支援は時限立法である特別措置法が制定された。ちなみに、自衛隊初の海外任務となった湾岸戦争後のペルシャ湾での掃海任務は、まだ法律がなかったので自衛隊法の「機雷等の除去」が根拠となっている。

自衛隊の海外派遣までの流れ

ソマリア沖の海賊対処(写真:防衛省)

自衛隊が海外に派遣される場合は、国連などからの要請を受け、国が判断する。

陸自では各方面隊などから持ち回りで派遣候補要員をあらかじめ指定しており、海自と空自も指定された部隊が常に待機についている。

具体的には、陸上自衛隊は5個方面隊が持ち回りで派遣の候補となる要員をあらかじめ指定し、国際平和協力活動等への派遣待機態勢をとっており、基幹要員の育成や待機部隊の訓練を行っている。海空自衛隊も同様に待機部隊を指定している。派遣される隊員は、本人の意思による志願制だ。つまり、例えば海外で大規模災害が起きていきなり行けと言われ

ハイチPKOで現地の子どもに贈り物を渡す隊員（写真：防衛省）

てもびっくりすることはなく、派遣候補要員に指定されている間は、常にその心構えでいるわけだ。

国際平和協力活動が本来任務となった後は、CRFの隷下に中央即応連隊を新編し、派遣が決定された場合は第一次派遣隊として速やかに派遣予定地に展開し、活動基盤を整備し活動を開始する。私自身は海外派遣要員として派遣された経験はないが、CRFの司令部に勤務した時がいちばん関わりが深く、現地にも赴いた。

そのときはハイチPKO※①、始まったばかりの南スーダンPKO※②、それとゴラン高原PKO※③の3正面で、在任中にゴラン

※①…2010（平成22）年1月12日に発生した大地震により大きな被害を受けたハイチに対する緊急の復旧、復興と安定化に向けた支援。
※②…スーダン政府とスーダン人民解放運動・軍の対立を経て、2011（平成23）年に独立した南スーダン共和国の復興を支援。

高原とハイチが撤収になった。ハイチは計画的な撤収だったが、ゴラン高原は現地の情勢が急激に悪化したことでの緊急の撤収となった。[※④]

派遣する際に留意する点は、まずは安全確保を始めとする派遣環境の整備だ。そのためには拠点をどこに設けるかが重要になる。それは司令部のレベルではなく中央の判断だ。

中央即応連隊により編成された第一次派遣隊は、現地に入ると治安などに関する情報収集をしたり、現地や関係機関との関係を構築し、活動基盤を整備し、活動を開始するのだが、インフラのないような土地にテントを立てるところから始めるなど、大変厳しい環境での任務になるため、国際平和協力活動、特にその初動における中央即応連隊に対する期待はとても大きい。

※③…第四次中東戦争後に設立された、シリアとイスラエル間の停戦監視と両軍の兵力引き離しなどに関する合意の履行状況の監視する国連兵力引き離し監視隊（UNDOF）に対する支援。物資等の輸送、道路の補修などを担当。
※④…シリア騒乱による現地情勢の悪化に伴い、2013（平成25）年1月15日に撤収を完了。治安情勢を理由として派遣を打ち切るのは初。

南スーダンで見た海外派遣の現場

国際平和協力活動における自衛隊の業務は、道路や橋の補修といった建設業務、輸送、人材育成などいろいろあるが、いずれも内戦などで荒廃した国を復興に導くための人道的な国際救援活動という位置付けだ。実際に主に行われてきたのは建設業務のため、派遣される機会は施設部隊※①が多い。

現地の様子はというと、右記のような派遣環境なので当然良くはない。

南スーダンPKOは2011（平成23）年に派遣が決定し、視察で訪れたが、長い内戦を経て独立したばかりで、アフリカの中でも特に貧しく、首都のジュバもほとんど整備されていない状況だった。そういう場所に活動基盤を築かなくてはならないのだが、まず飛行場（ジュバ国際空港）の滑走路があまり長くない。日本から現地で使う施設器材、大型トラックなどの車両、当面の食料、天幕などを空輸しなければならないのだが、

※①…工兵部隊。地雷原や対戦車壕などの障害の構成や処理、道路や橋梁などの破壊、構築、修復、渡河器材による渡河支援、陣地の構築など第一線部隊の支援などを行う。

2011年に派遣が決定した南スーダンPKOでは、視察で現地を訪れた（右が筆者）

まずは日本の裏側にある場所にどうやって空輸するのかに苦労させられた。

空輸にはロシアの大型輸送機をチャーターしたのだが、直接ジュバには降りられないので隣国のウガンダまで行き、そこから中型の貨物機に乗り換えてジュバに降りた。この貨物機に乗らないトラックなどは陸路での移動となる。

まず日本からの輸送に問題があったが、もうひとつ大きな問題があった。水や食料など、現地で調達できるものが少なすぎたのだ。結局これもウガンダに調達拠点を設けて物資を送り込むことになった。

自衛隊の宿営地は国連から割り振られた国連トンピンという地区だったが、そ

南スーダンPKO先遣隊の宿営地。昼間は50度以上にもなる過酷な場所だった（中央が筆者）

こは言ってみれば荒野だった。先遣隊はそこにテントを張って活動を開始した。しかし気温は50度以上、昼間のテントの中はそれ以上になるのでエアコン付きのテントを持って行った。それでもテントの中は50度より下がらない。テントの裾をめくって風を通せばいいのだが、そうすると砂塵でコンピュータなどがやられてしまう。電源も最初は小さな発電機だけ、水はペットボトルと小型の浄水器の水で対応していた。

南スーダンは治安が悪いと聞いていたが、私が行ったときはそれほど悪い印象は感じなかった。ただし現地の警察からは、怪しい行動はしないでくれと言われていた。例えば南スーダンでは橋は重要な施設なので、そこで写真を撮ると監視している警察や軍が反応することがあるという。

住民の人たちの生活環境は、今の日本人には考えられないようなものだった。まず、きれいな水は飲めない。自衛隊は宿営地近くのジュベル川というところから水を汲みあげて、それを浄水して使っていたが、現地の人々はそれを沈殿させて、薄いコーヒーのような色の水を使っている。近くの市場に行ってみても、食材の数も少ないし、衛生状態もとてもいいものとは言えなかった。結局1次隊のテント生活は約4か月続き、そこを拠点として道路補修などの実任務を行っていた。

南スーダンPKOは、ご存知の通り昨年活動を終えて撤収した。

活動期間は約5年と、施設部隊の派遣としては過去最長であり最大規模となった。自衛隊が実施した国連施設の整備や道路補修、国際機関の敷地整備などの活動は、南スーダンの国造りプロセスに少なからず貢献してきたと思うし、また長期間にわたり、国際機関や他国軍、ODAやNGOと連携して活動してきたことは、陸自にとっても大いに意義があったと思っている。

「戦闘地域」と「非戦闘地域」

支援活動については、他国の「武力の行使と一体化」することにより、わが国自身が憲法の下で認められない「武力の行使」を行ったとの法的評価を受けることがないよう、活動の地域を「後方地域」や、いわゆる「非戦闘地域」に限定してきた。

平和安全法制では、従来の「後方地域」、あるいはいわゆる「非戦闘地域」といった枠組みではなく、他国が「現に戦闘行為を行っている現場」ではない場所で実施する補給、輸送などの我が国の支援活動については、当該他国の「武力の行使と一体化」するものではないという認識を基本としている。

「駆け付け警護」は、自衛隊が外国でＰＫＯ活動をしている場合に、自衛隊の近くで活動するＮＧＯなどが暴徒などに襲撃されたときに、襲撃されたＮＧＯなどの緊急の要請を受け、自衛隊が駆け付けてその保護にあたるもの。ＰＫＯ参加５原則が満たされており、かつ派遣先国及び紛争当事者の受入れ同意が活動期間を通じて安定的に維持されると認められることを前提に行うことができる。これらが満たされていれば、「国家」または「国家に準ずる組織」が敵対者として登場しないので、仮に武器使用を行ったとしても、憲法で禁じられた「武力の行使」にはあたらず、憲法違反となることはないとされている。

●PKO参加5原則

1、紛争当事者の間で停戦の合意が成立していること。
2、国連平和維持隊が活動する地域の属する国及び紛争当事者が当該国連平和維持隊の活動及び当該国連平和維持隊への我が国の参加に同意していること。
3、当該国連平和維持隊が特定の紛争当事者に偏ることなく、中立的な立場を厳守すること。
4、上記の原則のいずれかが満たされない状況が生じた場合には、我が国から参加した部隊は撤収することができること。
5、武器使用は要員の生命等の防護のための必要最小限のものを基本。受入れ同意が安定的に維持されていることが確認されている場合、いわゆる安全確保業務及びいわゆる駆け付け警護の実施に当たり、自己保存型及び武器等防護を超える武器使用が可能。（※傍線部は平和安全法制により追加された部分）

評価される自衛隊の国際平和協力活動

日本のＰＫＯを始めとする国際平和協力活動の歴史はまだ浅く、派遣規模も他国と比べると少ない。ただ、日本ならではの活動をしていると感じるのは「現地目線」であることだ。自衛隊はそれを重視している。他国には、反対に上から目線の国も見受けられるが、現地の人たちのために活動するという視点は自衛隊の活動を際立たせているし、国連も注目していると感じている。

実際に派遣されるのは、道路補修などの建設業務なので施設科が多いと書いたが、施設科の技術は国連のなかでも評価は非常に高い。私がハイチに行ったときは、これは日本人が作ってくれた道路だと地元の人に非常に感謝された。早く復旧させなければならないので簡易舗装なのだが、それでも少しでも長くもたせたいという思いからか、仕事が丁寧なのである。

もうひとつ現地で感謝されているのは能力構築支援、簡単に言えば人材育成だ。ハイチと南スーダンでは、現地の人たちに施設器材の取扱要領や整備技術を教えて、自衛隊が撤収する際に器材をそのまま譲渡している。自衛隊が撤収したあとは自分たちの手で、というわけだ。能力構築支援は事業化されていて、ＰＫＯに限らず支援を行っている。

ところで、国民は自衛隊の海外での活動をどう評価しているのか気になったので調べてみたところ、内閣府の直近（平成30年1月）の世論調査が公表されていた。それによると、これまでの自衛隊の海外での活動についての評価は「評価する」の割合が87・7％、「評価しない」が7・4％。この数字には安堵している。

MEMO

自衛隊と軍法会議

日本には諸外国とは異なり軍法（軍刑法）がないため、自衛隊員は一般の刑法の適用となる。軍法がない理由は、自衛隊は国内法上は軍隊ではなく行政機関であること、憲法で特別裁判所の設置が禁じられていること（第76条第2項）などがある。

軍法会議に肯定的な意見としては、軍紀の維持に不可欠、軍法会議なしに軍隊は完全に機能しない、否定的な意見は身内の裁判のため、過去の例では組織防衛、事件のもみ消し、不平等や甘い処罰が見られることなどが指摘されている。

昨今、軍法会議がクローズアップされているのは、海外任務における自衛隊の権限の拡大、特に武器使用がある。「自衛官又は自衛隊の部隊に認められた武力行使及び武器使用に関する規定」では行動類型により細かく規定されているが、国際平和協力業務においては、まとめると「正当防衛または緊急避難」でしか認められていない。そうした事案が生起した場合、軍事事件の特殊性などを一般の司法手続きで判断できるのかという問題がある。平和安全法制で「駆け付け警護」が認められた現在、こうした課題も残されている。

国連平和維持活動の今

現在の国連ＰＫＯを調べてみたところ、２０１８（平成30）年3月1日現在、15ミッションを展開している。軍事要員・警察要員・司令部要員の派遣状況は、全１２４か国で合計約１万４０００人。最も多いのはエチオピアの８３３１人で、以下バングラデシュ、インド、ルワンダ、パキスタンと続く。日本は司令部要員４人で１１１位。このように近年のＰＫＯは途上国が中心となっている。

先進国はというと、近年は国連決議によって編成される多国籍軍とは異なり、有志で集まった国々が共に平和維持活動や軍事介入を実施する「有志連合」に軸足を置いている。

日本の自衛隊は、憲法の制約から軍事介入への参加は不可能であり、より危険の少ない道路補修などのインフラ整備や輸送といった後方支援に限られてきた。しかし現在の

ＰＫＯの活動は停戦監視や治安維持が主任務であり、新たな派遣先を探しても適当な派遣先がないのが実情のようである。

軍事介入をする有志連合には参加できない、ＰＫＯでも協力できる適当な場所が見つからない。従って、現在の自衛隊の国際平和協力活動は実質的に休止状態となっている。

国連平和維持活動へ参加する意義を「国際社会全体の安定が我が国自身の安全に直結していると認識し、自らの国際的地位と責任にふさわしい貢献を行うため、国際社会の平和と安全を求める努力に対し一定の協力をする必要がある」とする日本としては、これからの国際平和協力の在り方も、国民全体の課題として考える必要があるのではないだろうか。

【第五章】

国民の期待に応える災害派遣

国民から最も期待が高いのが災害派遣だろう。いざという時に備えて、自衛隊は普段どのような準備をしているのか？　出動した際にはどのような活動をするのか？　そして自衛隊にとっての災害派遣とは？

自衛隊にとっての災害派遣とは？

自衛隊に入ってまだ間もない若い頃に名寄で訓練していたときは、ただ存在することに意義があると自分自身を納得させていたが、夜中に訓練していて演習場から街の明かりを見たとき、われわれがこんなことをしているとは知らないで一杯やっているんだろうなあと思うと、なんともやるせない気持ちになったものである。戦争経験がない自衛隊にとって、日頃から訓練をすることの意義は非常に重要だが、それでも国民にとって自衛隊の存在を認めてもらうには、災害派遣は非常にわかりやすい。だから災害派遣に対して隊員はすごく積極的で、私に行かせてください、とみんな手を挙げる。

災害派遣における自衛隊の活動は、今日は高い評価をいただいているが、そのひとつの理由は被災した方に寄り添った活動をしているからだと思う。それがいつからかははっきりわからないが、ＰＫＯのときも現地住民の目線で活動するということを大事に

自衛隊による被災地での入浴支援。被災者に寄り添った支援を目指す（写真：陸上自衛隊）

してきたので、その流れかもしれない。

一番印象に残っているのは、中越地震で今から災害派遣に行くという時に、担任する12旅団長が言った言葉だ。

それは「被災している人たちを自分のおじいちゃん、おばあちゃん、家族だと思って対応しなさい」。

こうした文化はおそらく全自衛隊員に徹底していると思う。被災地で活動する自衛官は、被災者に提供する温かい食事はとらずに、基本的にはレトルトパックなどの糧食で、食事をするときも車両の中だ。被災者に提供している風呂には基本入らず、入っても数日に1回。風呂が終わった後の掃除の時に入る程度だ。

区分	件数	延べ人員	延べ車両（両）	延べ航空機（機）	延べ艦艇（隻）
風水害・地震など	10	8,045	2,511	148	0
急患輸送	409	1,977	0	432	0
捜索救助	25	4,880	398	74	11
消化支援	57	2,530	265	31	0
その他	14	15,691	2,650	40	0
合計	515	33,123	5,824	725	11
熊本地震	―	約814,200	―	2,618	300

平成28年度の災害派遣実績（※熊本地震については平成28年度の派遣実績から除く）

こうした細かいことの積み重ねが大事なのだろう。自衛隊では、活動が終わると総括をして、その成果や課題・教訓などをデータベース化して閲覧できるようにしている。

ところで、自衛隊の災害派遣といえば大きな災害が知られているが、いちばん派遣要請が多いのは何だかご存知だろうか。

それは離島の急患輸送である。

派遣要請は４０９回で年間の総派遣回数の約８割を占めている。

自衛隊にとっての災害派遣とは、国民の生命と財産を守るための任務であり、国民の目に見える数少ない活動だ。仕事をして、人の役に立って、ありがとうと言っていただく、その喜びは自衛官も同じである。

自衛隊はどのように備えているのか

自衛隊の災害派遣は、災害が起きたら何でも出るわけではなく、基本的に都道府県知事等の要請によって実施される。

ただ、緊急に人命救助が必要な場合で都道府県知事などと連絡が取れない場合や、災害発生時に関係機関への情報提供を行う場合など一定の要件を満たす場合は要請がなくても部隊を派遣できる「自主派遣」、部隊や自衛隊の施設の近傍で災害が発生している場合には「近傍派遣」といった形の出動も認められている。そのために陸海空自衛隊では駐屯地・基地などに「ファスト・フォース」※①を待機させている。

現在の災害派遣の仕組みの多くは、阪神・淡路大震災の後に整備されたものだ。阪神・淡路大震災での対応は、誤解も含めて様々な批判が寄せられたが、その後の災害派遣の教訓も含め、徐々に現在の形になっていったのである。

※①…FAST-ForceはFirst＝発災時の初動において、Action＝迅速に被害収集、人命救助及び、SupporT＝自治体等への支援を、Force＝実施する部隊。初動対処部隊は以前より整備されていたが、国民にも分かりやすい名称で安心感を持ってもらいたいという目的で、2013（平成25）年9月1日に命名。

出動する陸上自衛隊の初動対処部隊「Fast-Force」（写真：陸上自衛隊）

陸自は師団と旅団で隊区が決められており、そのなかの各連隊に隊区を割り振って、またその連隊のなかの各中隊に割り振ってと、それぞれが担任する区域を持っている。だいたい1個中隊で複数の市町村を担任していると思っていただければいいだろう。災害派遣では地方自治体との連携が非常に重要なので、中隊は自治体が実施する防災訓練に参加したりして、連携の確認や交流を図っている。もちろんそれより大きいレベルの訓練も同様に参加する。

自衛隊独自の行動の準備としては、実は災害派遣のための訓練というのはあまり行うことはない。自衛隊の災害派遣活動は人命救助や捜索、水防、医療、防疫、給水、

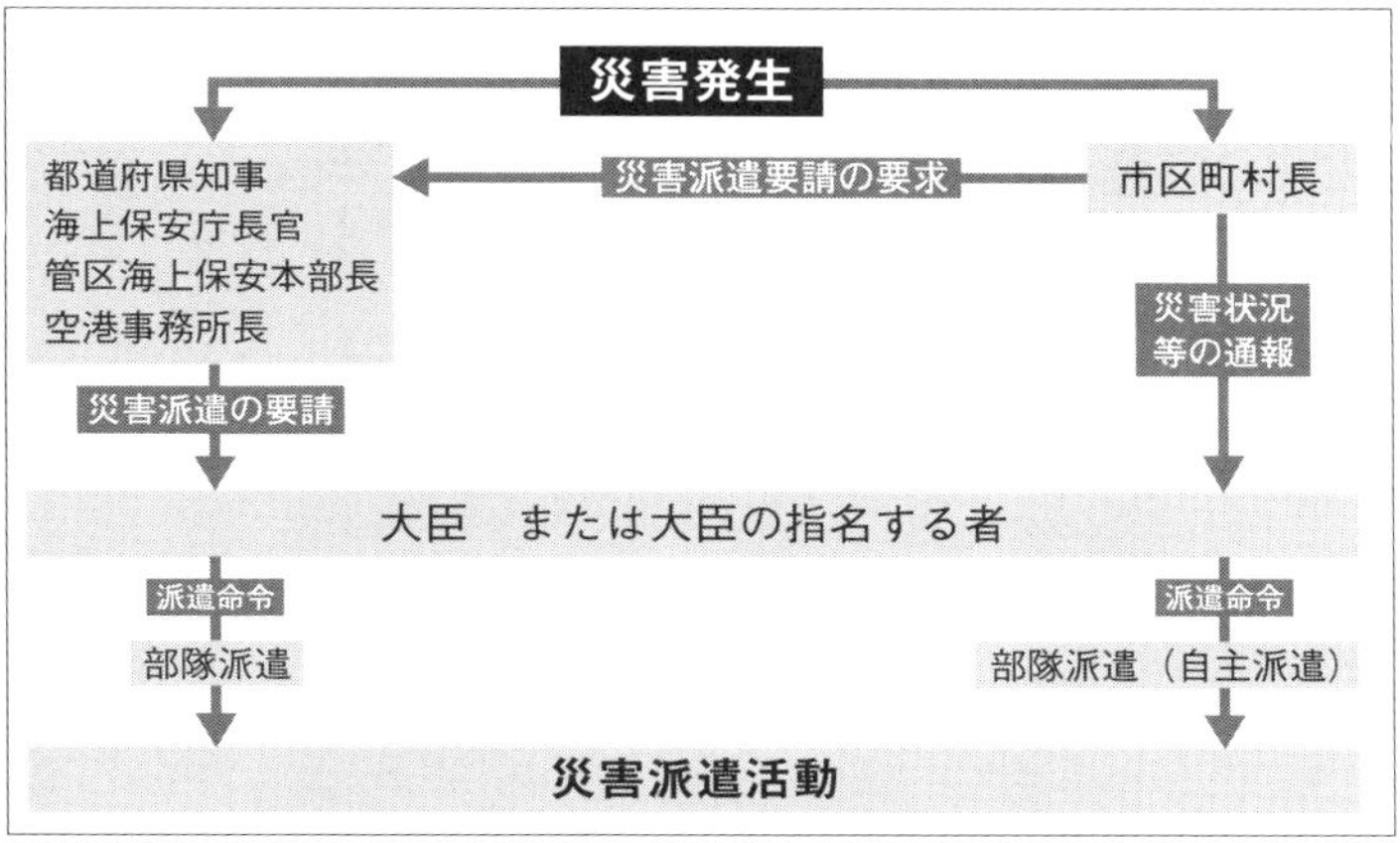

【図】災害発生から災害派遣までの流れ

人員や物資の輸送など様々あるが、これらは日頃行っている国防のための訓練と共通する部分がたくさんあるので、それで対応できるのである。

災害派遣で使用する器材も基本的には防衛のための装備品を使用するが、それでも対処が難しい場合があるので、やはり阪神・淡路大震災以降に、被災者の捜索・救助、搬送を目的とした「人命救助システム」が駐屯地単位で備えられている。

MEMO

大規模災害への備え

防衛省・自衛隊は東日本大震災などで得

た教訓を踏まえ、各種災害への対処計画を策定している。

災害派遣で最初に行うのが情報収集（被害状況の把握）と人命救助、続いて人員や物資の輸送、生活支援となる。中でも人命救助の場合は発災から3日、72時間を過ぎると生存率が著しく下がるとされるため左ページ上表のような初動態勢を維持している。

●東日本大震災の教訓と対処計画

防衛省・自衛隊は防災対策のさらなる充実のために「政府、各関係機関及び米軍との連携強化」、「複合事態対応」、「人命救助を重視した対応」を重視するとしている。

今後予想される大規模災害における派遣規模は、左ページの図のように見積もられている。南海トラフ巨大地震については、内閣府の資料では最大規模で警察1万6000人、消防1万9000人、自衛隊11万人を動員し、被害規模に応じて中部に4割、四国に3割、近畿に2割、九州に1割の割合で振り分けるとしている。東日本大震災では、防衛省・自衛隊は10万人強の規模での震災対応と通常の任務を両立したが、各種事態対処時の部隊運用につき、複数正面への同時対応や事態の長期化も想定した検討が必要としている。

こうしたことから、自衛隊員の動員規模の最大値は11万人と推測される。

■大規模災害などに備えた待機態勢（基準）

共通
震度５弱以上の地震が発生した場合は、速やかに情報収集できる態勢

FAST-Force（陸自）
全国で初動対処部隊（人員:約3,900名、車両:約1,100両、航空機:約40機）が24時間待機し1時間を基準に出動。各方面隊に、ヘリコプター（映像伝送）、化学防護、不発弾処理などの部隊が待機。

FAST-Force（海自）
艦艇待機：地方総監部所在地ごと、1隻の対応艦艇を指定。航空機待機（約20機）：各基地において、15分～２時間を基準に出動。

FAST-Force（空自）
隊領空侵犯措置のための待機。航空救難及び緊急輸送任務のための待機（約10～20機）：各基地において、15分～２時間を基準に出動。
※震度５強以上の地震が発生した場合は、待機している航空機を任務転用して情報収集などを実施。

■大規模地震への対処計画

予想地震	派遣規模
東南海・南海地震	陸上部隊：約11万人(予備自2.5万人含む) 艦 船：約50隻、回転翼機：約260機、固定翼機：約70機
東海地震	陸上部隊：約11万人(予備自2.5万人含む) 艦船：約40隻、回転翼機：約200機、固定翼機：約70機
首都直下地震	陸上部隊：約11万人（予備自2.5万人含む） 艦船：約60隻、回転翼機：約190機、固定翼機：約70機

ドキュメント・災害派遣の現場

初めての災害派遣となった山林火災

私が初めて災害派遣を経験したのは、三重県の第33普通科連隊の第3中隊長の時だ。中隊長といっても上番した直後だった。

その日は中隊の隊員全員を集めて、中隊長としてこれからの抱負を1時間くらい話す予定だった。その準備をしていた直前の昼休みに、自分の中隊の隊区の村で山火事が起きているという情報が入った。山火事での災害派遣要請も多いので、連隊長には念のため出動の準備をしておきます、と報告に行った。その後、連隊長が部屋に来て、河井、すぐ出ろ！　と。こちらは前もって給水車に水を入れ、出動させる隊員も準備していたのですぐに車を出して現場に向かった。

陸自のヘリによる空中消火活動。山火事への対応も災害派遣だ（写真：陸上自衛隊）

山火事の対応は、基本はヘリからの空中消火なので、われわれは消化剤を作る作業を行う。その作業は近隣の学校のグラウンドに隊員たちを展開させていたので、そこは任せて現場に向かった。現場では消防署や地元の消防団の人と顔合わせをしたのだが、何しろ着任したばかりだったので最初は誰と調整すればいいのかわからない。ヘリを地上で誘導する人間もいなかったので、仕方ないので私がやるしかない。無線でヘリと交信しながら、右へ行ってくれとか左へ行ってくれなどと指示を出した。

山火事自体はその日のうちに鎮火したのだが、残火監視のために学校の体育館に一晩泊まり、翌日に鎮圧が宣言されたので撤収となった。初めての土地で初めての中隊長、しかも着任直後だったが、一部の隊員とはいえ一泊できたことで、隊員を掌握するにはいい機会になった。

新潟県中越地震では後方支援で参加

そのあとは、皆さんもご記憶にあると思うが、２００４（平成16）年10月23日に起きた[※①]新潟県中越地震だ。この時は東部方面隊総監部の防衛課長という立場だったので現場ではない。初動対応は第[※②]12旅団が担任することになったので、旅団の活動をやりやすいように方面が支援するということが役割だった。

発災直後に急いで登庁したころ、すでに情報収集を行う[※③]ヘリ映電機は立川駐屯地を飛び立っていた。まずは火事の確認である。発災は夕方で、すでに暗くなっていたので夜なら火事は見えるだろうとあちこち飛んでもらったが火事は確認できなかった。また第12旅団飛行隊のヘリも同時に情報収集を行っていた。このヘリは夜間暗視能力のあるカメラを搭載していたがヘリ映伝のようにリアルタイムではなかったので、撮った映像を持ち帰って状況を確認した。これを確認した第12旅団長は、山古志村一帯の崖崩れや家

※①…17時56分、震源は新潟県中越地方の直下型、マグニチュード6.8、最大震度7。新潟県知事より第12旅団長に対し、情報収集に係る災害派遣要請が出されたのは21時05分。
※②…東部方面隊隷下で司令部は群馬県の相馬原駐屯地。陸自で唯一の空中機動力を高めた旅団。

新潟県中越地震の様子。河川が土砂などで塞がれ、天然ダムが発生した(写真:時事通信)

屋倒壊の惨状を知ることができた。

そのころは中央の動きも速く、現地対策本部には自衛隊は統幕、政府は内閣府などの人もすでに入っていた。東部方面隊では幕僚副長[※④]をはじめとする幕僚組織を現地に派遣した。これは現地で即断できるレベルの人間が必要だろうということからだ。経験上、幕僚副長のレベルであれば「この判断なら総監もゴーと言うだろう」というさじ加減がわかるのである。現地には第12旅団長も入っているので、現場のトップと、その活動を支援する国や方面の体制を決めるための調整はスムーズにいった。

私は総監部にいて、現在の活動状況を把握し、方面として何をしなければならない

※③…映像伝送システムを搭載したヘリコプター。被災地の映像をリアルタイムで首相官邸、防衛省・自衛隊、関係自治体などに配信できる。
※④…方面総監、幕僚長に次ぐ方面総監部のナンバー3。

かの取りまとめや、総監への報告をしていた。特に考える必要があったのは、自衛隊の災害派遣の3要件（公共性、緊急性、非代替性）のうちの非代替性という部分だ。

公共性は「公共の秩序を維持するため、人命又は財産を社会的に保護する必要性があること」、緊急性は「差し迫った必要性があること」と規定されているので判断は比較的たやすい。しかし3つ目の非代替性、つまり「自衛隊の部隊が派遣される以外に他に適切な手段がないこと」、というのは慎重な判断が必要になる。自治体ができることは自治体でやっていただくことが基本であるし、後々、民需を圧迫したといった批判も出かねないからである。

中越地震では、山古志村の錦鯉とか牛の救出だとかの話が出た。それは非代替性から言ったら違うんじゃないか、そもそも自衛隊は錦鯉や牛の扱いのプロではないので、搬送途中で錦鯉が死んでしまっても困るし、牛をヘリで運んでいる途中で暴れて落ちでもしたら大惨事となる。それは活動の法的根拠や政治判断もあるので中央に判断を仰いだ。

この時の後方支援で画期的だと思ったのが、関東補給処[※⑤]の分派である。

派遣部隊が活動する地域は新潟が中心で、それを支援する兵站の部隊が関東補給処だったのだが、ちょっと物理的に距離がある。そこで前線で支援する補給部隊を編制す

※⑤…東部方面地区における補給品の保管・補給・整備支援と、全国業務支援も担当する陸自兵站の中枢。本拠地は茨城県の霞ヶ浦駐屯地。

ることになった。これは軍事における作戦にもある、段列という考え方だ。発災当初はまだ支援物資のニーズがはっきりしないので、前方に補給処の分派を設置して補給物資を多めに集積する。ニーズが上がってきたら、それに応じて払い出していく。実はテントを全国の自衛隊から集めて「お前、そんなに集めて使わなかったらどうするんだ」と怒られたのだが、いずれにしろ、この仕組みを作ってくれたおかげで、隊員の円滑な活動に寄与するとともに、避難所ごと、被災者ごとのニーズに応じた支援物資の提供などがかなり円滑に実施できたと考えている。結局、テントはだいぶ余ってしまったのだが。

私もしばらく経ってから現地に行ったのだが、山間地の直下型地震の様相はこんな感じかと言葉を失った。うれしかったのは、発災当初に山古志とか小千谷の人たちが、暗い中で救助を待ち、自衛隊の迷彩服が見えた時に、ああ、助かったと思った、と言ってもらった時だ。信頼していただいているのかなと。

私自身はこの時の反省点として、統合運用の観点が欠けていたなと思う。まだ統合運用に移行していなかったという言い訳も成り立つのだが、もっと海自や空自と連携する意識があってもよかったのかなと考えている。もちろん統合運用になった今では、東日本大震災でも熊本地震でも、大規模な災害が発生した時は陸海空が一体となった統合任務部隊が編成されている。

参加することができなかった東日本大震災

２０１１（平成23）年3月11日に起きた東日本大震災の時は、富士学校勤務（普通科部教育課長）だった。震源からはかなり離れていたのだが、背筋が凍るような不気味な揺れで、これは大変なことが起きているなと直感した。

しかし残念ながら、私自身はこの時の災害派遣に参加していない。本当に残念な思いをしたのだが、教育は有事においても止めないということが基本なので、中央から教育の停止を命令されない限り、参加できないのである。ただし、学校職員の一部が支援人員として参加はしている。東日本大震災の災害派遣は約11万名の隊員が参加したが、これは全自衛官の約3分の1にあたる。逆に言うと、3分の2は参加していない。というのも、私たち教育機関の関係者もいるし、何より日頃の防衛態勢を維持する必要もある。11万という数字は、大規模災害で出せる最大限なのだと思う。

東日本大震災には参加できなかったが、われわれが存在する意義が試されているのだ

未曾有の大災害となった東日本大震災。派遣規模は延べ1000万人を超えた(写真:陸上自衛隊)

ろうと感じていた。ここで頑張らなければどうするのだ、という思いは全隊員共通のものだったと思う。

これはあまり知られていないと思うが、東北方面隊はその3年前に「みちのくALERT2008」[※⑥]という大規模な震災対処訓練を実施していた。大きな訓練をやっているのは聞いていたが、その頃は東南海地震に対する防災が盛んに言われていたので、東北はどうなのかなあ、と思っていたのだが、結果的にこの訓練は大いに役立ったのではないかと思う。

東日本で教訓となったのは、[※⑦]自衛隊自体が被災するということだ。そこで最後の勤務地の海田市駐屯地では、海のすぐ近くと

※⑥…マグニチュード8.0、震度6強、大津波発生という想定で実施。東北方面隊全部隊、他方面隊、施設学校、海・空自衛隊、岩手県宮古市から宮城県岩沼市までの太平洋に面した24自治体、防災関係35機関と一般市民を含めた約16,000名が参加。
※⑦…多賀城駐屯地では派遣準備を整えグラウンド等に整列していた車列が水没、空自の松島基地でも航空機28機が水没するなどの被害が出た。

いうこともあり、警報が出たら車両をどこに避難させるなどの計画も作った。

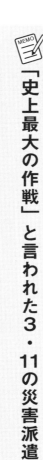

MEMO「史上最大の作戦」と言われた3・11の災害派遣

２０１１（平成23）年３月11日に発生した東日本大震災は、東北地方の沿岸部を中心に壊滅的な被害を及ぼした。防衛省・自衛隊は、震災発生当初から、被災者の安全および生活の安定を確保すべく総力を挙げて各種活動に取り組んできた。

●防衛省・自衛隊の活動態勢

防衛省・自衛隊は、地震発生直後の14時50分に防衛省災害対策本部を設置するとともに、航空機などによる情報収集を行った。15時30分には第1回防衛省災害対策本部会議を開催、18時00分には、大規模震災災害派遣を、19時30分には原子力災害派遣をそれぞれ防衛大臣から自衛隊の部隊に命じた。これを受けて、自衛隊は、地震発生当日から約８４００名の態勢を動員し活動を行うなど、可能な限りの人員・装備を投入して、被災者の人命

■東日本大震災における災害派遣活動

大規模震災対処

3/11　**大規模震災対処**　8/31 終結（174 日間）

人命救助

行方不明者捜索

入浴支援

給水支援

【活動実績】

派遣規模：延べ約 1,058 万人（1 日の最大派遣人員約 10.7 万人）

- 人命救助　：19,286 名（全体の約 7 割）
- ご遺体収容：9,505 体（全体の約 6 割）
- 物資輸送　：13,906 t
- 給水支援　：32,985 t（最大約 200 カ所）
- 給食支援　：5,005,484 食（最大約 100 カ所）
- 入浴支援　：1,092,526 名（最大 35 カ所）

原子力災害対処

3/11　**原子力災害派遣**（中央即応集団主体）　7/19 引継ぎ　**原子力災害派遣**（東北方面隊主体）　12/26 終結（291 日間）

原発への地上放水

行方不明者捜索

緊急患者空輸

除染作業

【活動実績】

派遣規模：延べ約 8 万人

- 原発への空中放水：4 ソーティ、合計約 30 t
- 原発への地上放水：合計約 340 t
- ご遺体収容：62 体（原発 30km 圏内）

※防衛省「東日本大震災（平成23年3月11日）における災害派遣活動」を参考に作成

救助のため、大規模かつ迅速な初動対応を行った。

３月14日に、陸自の東北方面総監の指揮下に海自の横須賀地方総監および空自の航空総隊司令官が入った災統合任務部隊を編成し、陸・海・空自の部隊の統合運用により活動。また、原子力災害派遣においては、陸自の中央特殊武器防護隊を中核として、海・空自の要員を含めた約５００名が活動。

これらの活動では、訓練以外で初めて自衛隊法に基づく即応予備自衛官および予備自衛官の招集を行って、自衛隊の総力を挙げて取り組むこととなった。

自衛隊の派遣規模は、10万名態勢構築の総理指示を受け、３月13日に５万名を超える態勢に、18日には10万名を超える態勢になり、最大時で人員約10万７０００名（即応予備自衛官および予備自衛官を含む）、航空機約５４０機、艦艇約60隻に上った。

派遣された隊員は人命救助、行方不明者の捜索、物資の輸送支援、炊き出しや給水などの生活支援、医療チームによる衛生支援、応急復旧作業に従事した。

被災地域を中心とした基地・駐屯地では、派遣部隊の円滑な活動を支援するため、部隊の宿泊などの受入や、不足した食糧・被服・装具類の緊急・大量調達を含む大規模な後方支援業務が行われ、重要な役割を果たした。

広島の土砂災害での災害派遣

その海田市駐屯地で経験したのが広島の土砂災害[※①]である。

あの時は災害が発生する前日の19日夜から大雨が降った。夜中の3時くらいに県庁に勤務していた自衛隊OBの方から司令部に連絡があり、大雨が続いていて土砂崩れが起きたみたいだが、どれくらいの被害かまだわからないという情報が入った。そういった情報は逐次更新されていたが、災害派遣の要請が出るかはまだわからない状況だという。

駐屯地の部隊はその時に備えて一部の隊員が登庁し、車両の準備も進めた。私も早朝に登庁し、情報収集を行った。すると人が土砂崩れに巻き込まれた、土砂崩れが複数箇所発生しているといった情報が入ってきて、これは災害派遣要請が出るなと確信した。

災害派遣命令が出たのが[※②]6時半くらいだったと思う。初動で行く第46普通科連隊はすでに出動準備を整えていて、それを支援する部隊にも準備をしてもらっていた。

※①…2014(平成26)年8月20日に広島県広島市で発生した大規模な土砂災害。
※②…6時30分、広島県知事から陸上自衛隊第13旅団長に対し、人命救助に係る災害派遣要請。

副旅団長だった私は、旅団長に県庁に行かせてくださいとお願いして県庁に向かった。これは中越地震の時と同じく、その場で判断できる人間がいた方がいいだろうという考えからだ。翌日には政府現地対策本部が設置され、防災担当の西村康稔副大臣（当時）が現地入りして現地対策本部長に就いた。ほどなく、現地対策本部は県庁よりも被災状況がわかりやすい広島市役所の方がいいだろうと移動する。そこからは、私は自衛隊の現地調整所長兼政府現地対策本部スタッフとして活動した。

自衛隊は広島市の担任部隊である第46連隊が第一陣として入り、連隊長の指揮のもと救助活動を行った。燃料補給、給食、衛生などの活動支援は旅団の後方支援隊などが行った。この災害は非常に規模が大きかったのでマスコミも多数現地に入り、現場指揮官の連隊長への取材も増えて指揮に影響が出始めた。これはまずいなと。しかし、報道していただくことは重要なので、旅団の広報を送り込んでマスコミ対応にあたってもらった。

発災当初は連隊の全戦力を投入し、正面が絞られてきたら連隊内の中隊ごとにローテーションを組んで活動したが、どうしても疲労は溜まってくる。そこで次は山口の第17連隊、その次は米子の第8連隊、その次は岡山の第13特科隊と次々に投入していった。

2014年の広島土砂災害では西村康稔現地対策本部長(右)をサポートした(左から２番めが筆者)

現地対策本部では、本部長の現場視察に同行した。自衛官でないとサポートできないことが多々あった。例えば、救助活動の現場にどこまで入っていいかの判断や隊員の誰に話を聞いたらよいかなどだ。

本部長は非常に精力的に動く方で、被災者が困っていることは何かとか、現場の活動の状況を把握され、自衛官を含めた現場で活動している隊員たちを激励した。こういうことは、現場活動隊員の士気にとっても大事なことなのである。

こうした活動は切れ目なく続き、私も最初は現場に張り付いたままだったが、さすがに24時間ずっとは耐えられないの

消防と調整する隊員。広島大規模土砂災害では実働部隊がうまく連携した（写真：陸上自衛隊）

で、途中から夜間は交代要員を用意してもらって旅団司令部に戻って仮眠していた。夜10時とか11時に現地を出て、何時間か寝て早朝の旅団のミーティングに出て、活動状況を把握して、現地対策本部や現地に行って再び活動するという毎日である。

消防や警察と連携して対応

自衛隊の実動部隊としては、ともに活動した警察と消防、国土交通省の※③ＴＥＣ-ＦＯＲＣＥと非常にうまく連携できたと思う。そのいちばんの要因は、同じ地域にそれぞれの指揮所が展開できた

※③…Technical Emergency Control Force＝緊急災害対策派遣隊。大規模災害等の際に現地に派遣され、二次災害防止や応急復旧のために被災状況調査や応急対策と技術的助言などを行う。

広島大規模土砂災害では、重機も投入して行方不明者の捜索を行った（写真：陸上自衛隊）

ことだ。被災地のすぐ近くの安全な場所にあるパチンコ店の駐車場を貸していただけたので、そこを各指揮所位置とし、さらにそこに合同の調整所を作り、朝と夕に活動内容や活動方針の情報交換や活動調整をしていた。

活動区域の分担は、災害によって大きく地域を分ける場合もあるし、細かく分ける場合もあるが、今回は自衛隊と警察と消防とＴＥＣ－ＦＯＲＣＥの４部隊が、ほぼ同一地域で活動した。これにより、それぞれの持ち味を生かしつつ、足りない部分は相互に補完し合って、現場で生じた問題点に迅速に対応できた。例えば自衛隊の重機は大きいのと小さいのは持っているが、その中間がない。現場は細い路地が結構あったので、そこでは消防の中型のユンボを使った。プロパンガスやガソリンなどの燃料漏れも消防に一元的に対処してもらう、捜索時に見つかった貴重品や、アルバムなど思い出の品は警察で一元管理してもらうといった具合だ。

こうした活動で怖いのは二次災害だが、指揮系統の違う4つの部隊が同じ地域で活動していると、お互いがやせ我慢してしまうことがある。そこで降雨が強くなった場合などは、地形や治水に詳しいＴＥＣ‐ＦＯＲＣＥに判断してもらい、その指示に従って、4部隊がボランティアの方々を含めて同時に避難することとした。

自衛隊の活動は9月10日に一斉捜索を行い、翌11日に撤収命令が出て終了した。実は行方不明者が一人だけ残っていたので心残りでもあったのだが、後日発見されたとの連絡があり、ようやく安堵することができた。

章の冒頭に、自衛隊は実戦経験がないと書いたが、国民の生命と財産を守るという意味において、災害派遣はいつ起こるかわからない「実戦」の一形態である、というのが経験してきた人間の実感である。

国民の身近にいる自衛隊

自衛隊の災害派遣は、国民からの支持を高めたり、信頼醸成に大きく役立ってきた。しかし、吉田元首相の「自衛隊が国民から歓迎され、ちやほやされる事態とは、外国から攻撃されて国家存亡の危機の時か、災害派遣の時とか、国民が困窮している時だけなのだ」という言葉にもある通り、不幸な出来事が起きてしまった上でのことだ。

自衛隊では災害派遣とは別に、国民と自衛隊相互の信頼を深めることに資する活動も行っている。それが民生支援※①である。

2月に行われた平昌オリンピック・パラリンピックは、日本人選手の大活躍もあって皆さんも一生懸命声援を送ったと思う。そして2年後には、いよいよ東京オリンピック・パラリンピック開催である。ここでも自衛隊は様々な分野で支援を行うはずである。自衛隊とオリンピック・パラリンピック、国体（国民体育大会）といった大きなイベント

※①…自衛隊の付随的任務。不発弾処理、機雷等の除去、運動競技会に対する協力、南極地域観測への協力などがある。

長野オリンピックで一列になりコースの雪固めをする自衛隊員（写真：時事通信）

との関わりは古く、今では大会運営には欠かせない存在となっているのだ。

活動内容はというと、まずは開会式での空自のブルーインパルスの飛行展示が有名だと思うが、実はコースの設営や整備とか、輸送、通信支援、医療・救護といった競技運営の裏方の部分でも協力している。

私自身の経験で言えば、長野オリンピックの時は内局の広報を担当していたので、これはいい広報になるだろうと、現地のスタッフに自衛隊がオリンピックを支援しているということがわかる写真を送ってくれとお願いした。イメージしていたのは競技をしている選手と、支援している自衛官が一緒に写り込んでいる写真である。しかしオリンピック委員会から、選手が写っている写真はNGだと言われてしまった。そんな中で自衛官が活躍しているのがわかる写真が、隊員が列を組んでジャンプ台を整備している写真だった。

自衛隊とオリンピックなどスポーツイベントとの関わりは、3つの側面がある。ひとつは自衛官が選手として出場すること。実際にオリンピックでは多くのメダリストを輩出している。もうひとつは大会に華を添えること。それはブルーインパルスや音楽隊、儀仗隊などの役割だ。そして様々な形での大会運営の支援である。音楽隊といえば、競馬のファンファーレ、大相撲の国歌の演奏も自衛隊の音楽隊がたびたび担当している。

オリンピックが〝平和の祭典〟と呼ばれるように、このようなイベントは平和であるからこそ開催できるものだ。平和を望みながら日々を過ごしている自衛隊にとって、それは非常に意義深いものであり、協力できるのは喜びであり誇りだと思っている。

自衛官はフェンスの内側の人たちだと思われているかもしれないが、民生支援を通じて地域の方々、あるいは広く国民の方々に、自衛隊に対するご理解を深めていただきたいと願っている。

あとがき

自衛官としてのスタート地点である防衛大学校に入った時は、正直、最後まで務まるかどうかは確たる自信がなかった。それが33年間も続けてこられたのは、自衛官としてはもちろん、人としても育ててもらったからだと考えている。それだけ自衛隊という組織は人を育てるシステムがしっかりしているのである。

幹部自衛官としては、全国各地で勤務した。わずか2年程度の勤務のなかで何ができるのかと思われるかもしれないが、自衛隊は組織として共通する価値観を持っているので、どこのどんなポジションに異動してもすぐに自分の力が発揮できる体制になっている。それもありがたく、おかげで充実した経験を積み重ねることができた。

昨今、自衛隊の存在を憲法に明記するかということが議論されているが、私が入隊した頃を思えば議論されること自体、感慨深いものがある。自衛隊が憲法に明記されることでどういう影響があるのか、どういう印象を与えるのか、それはわからない。ただ、国民の皆さまにご理解をいただき、そのなかで活動していくという基本的な立ち位置は変わらないと思っている。それは自衛隊発足以来培ってきたものだからだ。

後輩諸氏は国民からの期待と信頼に応えるべく、国防の任に就いているということに誇りを持って、組織として一致団結して存分に力を発揮していただきたい。

今回、彩図社からのご依頼をいただいたときは私でよいのか戸惑いがあったが、私自身の経験や体験の中から、テーマに沿って見たこと、感じたことを著してほしいということでお引き受けさせていただいた。従って本書にある内容や見解は一個人のものでしかないが、自衛隊の現場を少しでも知っていただくことで、自衛隊に対するご理解の一助となれば幸いである。そして本書でも書いたが、自衛隊という存在に何を期待するのか、何をするべきなのかを、皆さま一人一人に考えていただけたら、こんなにうれしいことはない。

2018年8月　著者記す

著者紹介

河井繁樹（かわい・しげき）

元：陸上自衛隊陸将補　現：市職員

1960（昭和35）年、大分県国東市生まれ。1983（昭和58）年3月、防衛大学校（第27期）卒業。専攻は電気。第3普通科連隊（名寄）、第2師団司令部（旭川）、指揮幕僚課程（目黒）、富士学校普通科戦術教官（富士）、第33普通科連隊第3中隊長（久居）、防衛庁長官官房広報課（檜町）、陸上幕僚監部（檜町）、陸上自衛隊幹部学校PAMS事務局（目黒）、陸上幕僚監部援護業務課、幹部高級課程（目黒）、東部方面総監部防衛課長（朝霞）、第16普通科連隊長兼ねて大村駐屯地司令（大村）、部隊訓練評価隊長（北富士）、富士学校普通科部教育課長（富士）、中央即応集団司令部幕僚長兼ねて座間駐屯地司令（座間）、陸上自衛隊研究本部主任研究開発官（朝霞）、第13旅団副旅団長兼ねて海田市駐屯地司令（海田市）などを歴任。2016（平成28）年3月に陸上自衛隊退官（早期退職・陸将補）。同年4月より現職。

構成：長谷部憲司

◎参考資料／防衛省・自衛隊各部隊ホームページ等

元陸上自衛隊陸将補が書いた

リアリズム国防論

平成30年9月5日　第1刷

著　者　　河井繁樹

発行人　　山田有司

発行所　　株式会社　彩図社
東京都豊島区南大塚3-24-4
MTビル　〒170-0005
TEL：03-5985-8213　FAX：03-5985-8224

印刷所　　シナノ印刷株式会社

URL http://www.saiz.co.jp　Twitter https://twitter.com/saiz_sha

ISBN978-4-8013-0319-5 C0031